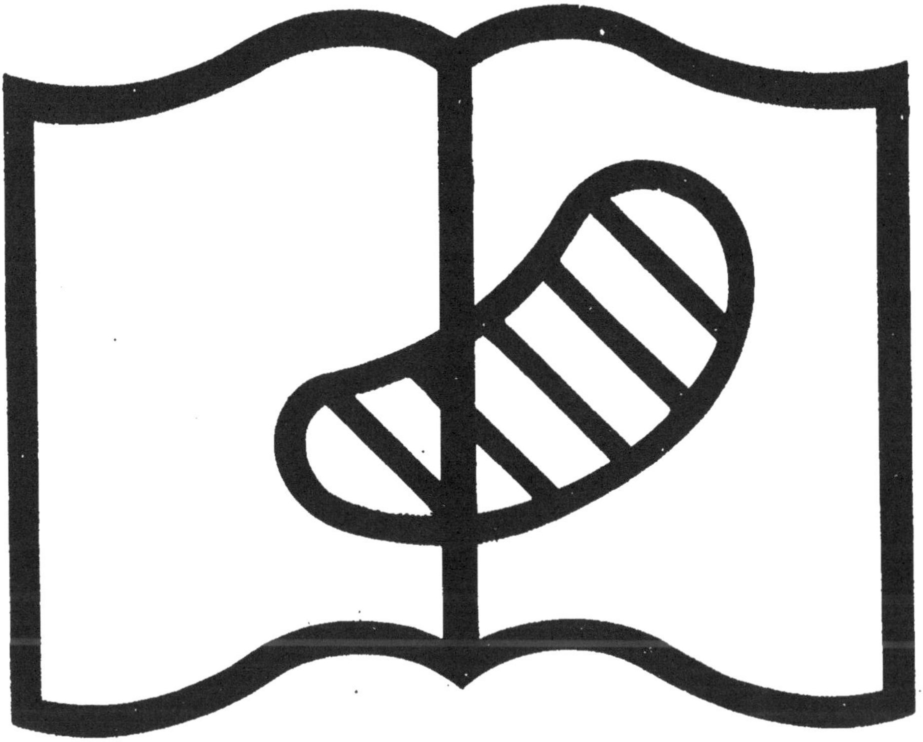

Original illisible

NF Z 43-120-10

Symbole applicable
pour tout,ou partie
des documents microfilmés

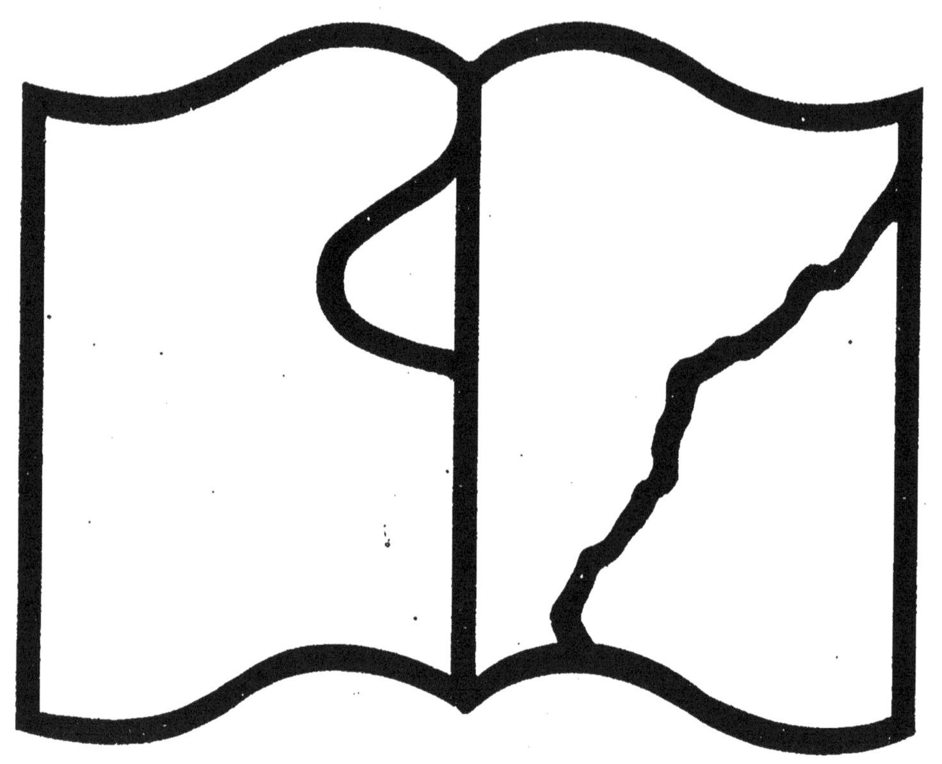

Texte détérioré — reliure défectueuse

NF Z 43-120-11

Symbole applicable
pour tout,ou partie
des documents microfilmés

J. GAUBERT

LA MACHINE HUMAINE

ET

L'AGITATION NERVEUSE

TOULOUSE

Impr. des Arts, Boulevard Carnot, 54

1910

J. GAUBERT

LA MACHINE HUMAINE

ET

L'AGITATION NERVEUSE

Ouvrage analytique et de vulgarisation médico-magnétique et théosophique

TOULOUSE
Impr. des Arts, Boulevard Carnot, 54

1910

Toulouse, Imprimerie des Arts, Boulev. Carnot, 54

PRÉFACE

Au milieu des agitations de la pensée et des discussions qui s'élèvent à notre époque sur les diverses croyances, j'offre au public le résultat de mes investigations qui sont élaborées par le simple jugement en matière psychique et par l'observation de divers phénomènes de la nature.

Il peut exister dans cette œuvre quelques axiomes qui paraitront contradictoires à mes lecteurs; mais comme toute théorie peut être envisagée à différents points, elle ne peut être l'objet de polémiques irréductibles de la part de ceux qui l'étudient, et mérite toujours une courtoise attention.

Celle que je développe a pour objet l'examen des facultés morales et intellectuelles de la créature humaine et des moyens à employer pour le maintien et le rétablissement de leur équilibre lorsque ce dernier menace de se rompre.

A ceux qui objecteront que j'admets l'existence des fluides sans preuves palpables, je répondrai:

La théorie des fluides en magnétisme est complètement admise et justifiée; indépendamment des études approfondies et des expériences probantes faites sur le magnétisme terrestre, il faut considérer ceci:

L'électricité qui n'est en définitive que le coefficient des énergies ambiantes répandues dans l'athmosphère et en dehors de cette athmosphère, est un fluide de la plus haute importance; nous n'avons pas à rechercher les causes, ni analyser les phénomènes de ce fluide; d'autres l'ont fait d'une façon suffisamment probante et supérieure: mais étant donné que ses effets sont indéniables, pourquoi ne pas admettre que toutes choses sur une planète, et principalement les corps animés, sont saturés d'un fluide similaire dont les causes échappent pour l'instant à l'analyse, et dont les effets peuvent être considérés comme le régulateur des fonctions naturelles de la créature, et pour ainsi dire comme le mobile des actions humaines?

Toute personne, dira-t-on, possède en elle-même l'énergie fluidique qui lui donne le pouvoir d'accomplir ses actions; mais on ne peut nier qu'elle ne soit impressionnée par les influences extérieures sous quelque forme qu'elles se produisent, ces influences se répercutant sur toute créature en frappant les organes qui régissent l'ensemble de ses facultés, la vue, l'ouie, le toucher, etc.

Ainsi, tout en exposant une idée rationnelle à ceux qui se trouvent encore dans le trouble et dans l'hésitation, et sans avoir la prétention de faire la morale à quiconque, j'apporte à ceux qui en ont besoin le repos de l'esprit et le moyen de reconnaître la source du Mal, en dehors de toute équivoque.

On se rendra compte que pour arriver à conserver la tranquillité morale nécessaire dans l'existence autant pour soi que pour ses semblables, il faut, tout en suivant les lois de la justice et de l'honnêteté, se tenir dans la mesure du possible à l'écart des influences dangereuses qui se répercutent sur l'organisme humain, et exercent sur lui des ravages quelquefois difficiles à réparer.

J. G.

AVERTISSEMENT

A certains lecteurs il pourra paraître exister des sous-entendus dans des passages de cet ouvrage : mais comme ces sous-entendus s'il s'en trouve, ne sont accompagnés d'aucune démonstration, je laisse chacun libre de se rendre compte que je traite simplement des influences magnétiques et non de toute autre cause pouvant exercer son influence sur la destinée humaine, et que lorsque les influences magnétiques se heurtent pour une raison quelconque les unes contre les autres, il en résulte quelque chose, car il n'y a pas de fumée sans feu.

Pourquoi ces influences se heurtent-elles ?

Tout simplement en vertu de la loi des contrastes, et c'est en raison de cette loi que règne l'équilibre sur une planète ; car si les contrastes n'existaient pas, il n'y aurait pas cette lutte perpétuelle des uns contre les autres et l'existence serait impossible. Or, qui dit existence dit imperfection, par suite de la fusion existant entre l'esprit et la matière.

Pour que ce raisonnement soit vrai,

il faut admettre la perfection de l'esprit et l'imperfection de la matière.

Sur quoi se base cet axiome? Il se base sur la loi suivante: Par sa nature, une essence spirituelle se trouve isolée de tout ce qui regarde une chose matérielle, et si cette essence spirituelle s'occupe de régir et de diriger cette chose matérielle, elle n'est pas unie à cette chose matérielle et n'en fait pas partie: tandis que la matière par elle-même est inerte et a besoin d'être dirigée, soignée, maniée pour être utilisée. De quel côté se trouve donc l'imperfection? Du coté de la matière évidemment.

Partant de ce principe, une essence spirituelle unie à la matière sera imparfaite parce qu'elle participera par son union avec la matière à l'imperfection de cette dernière,

Donc, sur la planète, les contrastes existent en vertu des imperfections qui s'y trouvent, et dès l'instant que les contrastes sont en présence. la lutte se produit inévitablement sous une forme quelconque et de cette lutte provient le heurt des fluides magnétiques qui sous la forme d'idées donnent naissance à tous les évènements se déroulant autour de nous.

Théorie du mal physique et du mal moral : leur enchaînement au point de vue de l'affaissement des facultés.

Le mal physique vient de la matière, le mal moral vient de l'esprit. L'esprit régit la matière; il s'en suit que si l'esprit est agité, la matière supporte les conséquences de cette agitation: de là le mal. Le mal moral consiste dans les passions, la crainte, l'envie, la cupidité, la haine, la colère et la jalousie: il engendre donc le mal physique sous une forme quelconque.

En sens inverse, le mal physique peut engendrer le mal moral, c'est-à-dire le découragement et l'affaissement des facultés mentales.

On peut donc les considérer comme réciproques et solidaires l'un de l'autre.

Quel est le premier qui se manifeste ? Quelquefois l'un, quelquefois l'autre.

Généralement c'est le mal physique, par suite de l'imperfection de la matière, et des épreuves qu'elle a à supporter au contact des éléments; dans ce cas, il faut soigner le physique et faire en sorte que le mental ne supporte pas une dépression; il faut au contraire. que ce dernier se charge de tenir en équilibre les centres nerveux, pour aider la science dans le but à atteindre, qui est la guérison.

Mais. quand le mal moral engendre le mal physique, la situation est plus mauvaise, parce que le mental ayant charge de soutenir la matière, la laisse s'affaiser au lieu de la maintenir dans l'ordre naturel il s'en suit donc une dépression difficile à surmonter, et c'est plus que jamais le mental qui doit se charger de guérir le mal qu'il a provoqué lui-même. C'est donc à lui de réagir.

Le bien consiste dans la modération en toute chose, et la modération, c'est une règle qui met l'homme à l'abri des excès de toute nature et de tous les orages de la vie. Le mal provient de l'exagération, car cette dernière peut amener le dérèglement, le défaut d'équilibre dans la situation d'un homme ou d'un peuple, et l'homme n'est pas assez fort en général, pour sortir sans danger de cette règle qui s'appelle la modération, et pour faire face aux exigences que comporte le maintien de l'exagération.

Les règles du bien sont le droit, la justice, ce sont les lois, les règlements, les institutions de toute sorte qui ont pour but de règlementer chez les hommes les divers évènements de l'existence; c'est la loi en vertu de laquelle tous les êtres sont appelés à bénéficier de la vie et de ses avantages, chacun selon ses mérites et selon son intelligence, celà s'entend. De tout temps, il a été d'usage d'évaluer la somme de cette intelligence par une mesure conventionnelle qui s'appelle l'argent et dont l'usage sert à faciliter les transactions: il faudra toujours une mesure d'évaluation quelconque dans ce but; ce serait une utopie de chercher à s'en passer.

Les règles du mal sont tous le contraire, soit l'indivision, la discorde, les dilapidations, l'absence de toute évaluation conventionnelle pour servir à l'estimation de la valeur morale de chacun, c'est la force brutale et animale, c'est si l'on préfère, la raison du plus fort. Or l'homme n'est pas un animal, c'est un être doué d'intelligence et de raison.

L'accumulation des richesses peut paraître discutable; mais il faut considérer que le point de départ de toute fortune, c'est généralement le travail, l'ordre, l'économie, et que s'il y a accumulation, il y a dispersion fatale en vertu des changements qui surviennent dans les situations sociales.

En tout cas, l'accumulation est une exagération et l'exagération porte ses dangers en elle-même et peut mettre quiconque la pratique sur la voie du mal.

Le bien, pour l'homme pris individuellement, consiste dans la modération, non seulement dans la possession de toutes choses, mais encore dans l'emploi de ses facultés mentales, et dans la réglementation de ses appétits matériels. C'est la faculté qu'il possède d'éviter les excès, qui donnent naissance à la fatigue cérébrale ou corporelle et enfin à la maladie. C'est l'ordre dans l'intérieur de sa maison, dans ses habitudes, enfin l'aménité de son caractère envers les siens et envers ses semblables, le désintéressement, le respect des lois et des institutions.

Le mal, c'est tout le contraire.

Quoiqu'il arrive, il faut toujours voir les choses avec philosophie si nous voulons éviter les écueils qui se présentent à nous, et arriver à nous perfectionner dans la mesure du possible ; quand les orages de la jeunesse sont passés, vient l'expérience; c'est alors que peut s'exercer utilement cette faculté d'observation, de jugement et de rectitude qui s'appelle la philosophie.

Le philosophe, c'est l'homme qui voit le monde tel qu'il est, les bons comme les bons, et les méchants aussi; c'est l'homme qui vit dans le monde matériel comme on doit y vivre, parce que c'est la destinée d'accomplir une existence matérielle sans se préoccuper d'approfondir les mondes spirituels. C'est la meilleure manière de se préparer à participer aux existences spirituelles, parce que les existences matérielles sont le reflet des existences spirituelles, c'est-à dire leur contre-partie, leur revers pour ainsi dire.

C'est pour atteindre le perfectionnement définitif, que dans nos existences successives et sous des formes différentes, c'est à dire dans des situations qui varient à l'infini, nous sommes en lutte les uns contre les autres, selon nos sentiments et nos tempéraments.

C'est ce qu'on appelle la lutte des idées bonnes et mauvaises. Tant qu'une idée est bonne, c'est-à-dire rationnelle pour son époque, elle demeure en pratique. Mais au fur et à mesure du degré d'avancement de la planète, elle disparait pour faire place à une autre. Nous nous disputons tous la suprématie du plus petit jusqu'au plus grand. Il n'y a pas à proprement parler de bons et de mauvais esprits, il y en a simplement de moins avancés que les autres au point de vue de la civilisation; tout n'est qu'une façon de parler, et en matière de perfectionnement on peut s'exprimer ainsi aussi bien que de la façon première.

Donc, les arriérés cherchent à faire prévaloir leur idée, de même que les avancés, et en principe ce sont les arriérés qui succombent.

Ces derniers seront un jour plus perfectionnés par suite de la métamorphose incessante qui se produit dans la diffusion des idées, mais ils seront à leur tour en présence d'autres esprits qui seront nouveaux venus, car de temps à autre, viennent sur notre planète. en vertu de la volonté divine, ceux d'autres régions moins avancées que la nôtre et qui rentrent en lutte avec leurs frères terrestres.

En vertu de ce principe, l'homme se trouve en présence de deux idées différentes, la bonne et la mauvaise, qui se disputent la priorité dans son intelligence. Celà constitue l'agitation de l'âme qui est nécessaire à son perfectionnement. ou si l'on préfère, la lutte du bien et du mal.

Mais nous possédons tous un esprit personnel qui est le maître, celui là, parce qu'étant uni à la matière, il possède plus de force que ses inspirations. Il est visité par toutes sortes d'idées: il doit accepter les bonnes et rejeter les mauvaises, et ce n'est qu'à ce prix qu'il se perfectionne, car s'il écoute les mauvaises, il rétrograde.

Si l'on veut ensuite envisager le rôle des fluides dans l'accomplissement des actions humaines, on voit qu'ils servent non seulement à susciter diverses passions, et ceci en vertu de leur tempérament propre, mais encore à donner à la créature humaine la force d'exécuter ce qu'elle a conçu par elle-même. car le fluide personnel d'un être a beaucoup plus de force s'il est amalgamé avec celui d'un de ses frères, que s'il s'est livré à lui-même.

Les fluides ont leur puissance autant dans le bien que dans le mal et chaque être attire vers lui ceux qui sont conformes à son tempérament. Cependant, l'homme reçoit parfois la visite de fluides ne se rapportant pas à son caractère, dans le but de recevoir une inspiration quelconque, soit vers le bien, soit vers le mal.

C'est alors que doit s'exercer la faculté qu'il possède en vertu de la volonté divine : cette faculté c'est le libre arbitre, et elle consiste à se recueillir sérieusement pour envisager le bon chemin et le mauvais et prendre une détermination.

La Pensée à travers les Ages

Si l'on considère que l'homme a été créé pour accomplir une destinée à travers la suite des temps, on voit à première vue qu'il est conformé quant à la capacité cranienne d'une façon différente de celle des êtres qui l'entourent, et qu'ensuite il dispose pour s'exprimer d'un organe plus complet, plus étendu et mieux équilibré que celui de ces derniers.

Pourquoi le Créateur en a-t-il fait sous ce rapport le modèle de l'intelligence et de la réflexion?

Evidemment parce qu'il fallait au sommet de la hiérarchie terrestre un être susceptible d'entreprendre et de mener à bien l'exploitation de la planète, telle qu'elle avait été créée au début.

Si l'on remarque en effet, les divergences d'opinions les luttes d'idées et les révolutions suscitées depuis l'origine par le choc incessant des pensées de toute sorte qui se sont disputé la suprématie dans le domaine de l'intelligence, on comprendra qu'il a fallu une élaboration de plusieurs siècles dans l'analyse et l'exposé des idées préconçues par les premiers hommes et mises en vigueur par tous leurs descendants.

Veut-on des exemples? On les trouve à chaque pas dans l'histoire de tous les pays. Les contrées asiatiques, que l'on peut considérer avec juste raison comme le berceau de la famille humaine, la Judée, l'Egypte, la Grèce, l'Italie, dans l'antiquité ont apporté leur contingent d'idées à la diffusion de la pensée, et c'est toujours au prix de luttes entre les divers peuples de ces époques que la suprématie est passée des uns aux autres. Voilà en résumé ce qui se dégage de la diffusion des idées parmi les civilisations éteintes.

Et si ensuite on porte les regards sur les autres pays qui comprennent l'Occident et le Nouveau-Monde, on voit que l'élaboration de la pensée, sans changer de face, a toujours suivi la marche ascendante qu'elle doit avoir en vue du perfectionnement définitif; mais le champ de bataille a changé de place et il s'est trouvé placé dans d'autres pays mieux favorisés quant aux progrès de la civilisation et sous d'autres rapports.

Quelles sont les idées premières qui ont pris naissance dans l'intelligence humaine? En général toutes celles qui sont en pratique aujourd'hui encore et qui sont les suivantes:

Croyance dans une puissance supérieure qui préside aux destinées du monde.

Union morale et matérielle dans les limites de la raison entre les divers membres d'une famille.

Travail isolé ou collectif pour l'exploitation des richesses de la nature.

Etablissement de règles et lois pour la conservation des droits de chacun.

Pratique de cérémonies, fêtes et réjouissances, destinées à élever le niveau moral et intellectuel des peuples.

Et enfin, prise en charge par chacun des responsabilités qui incombent à tous les membres d'une Société, à l'effet de sauvegarder leur intérêt personnel et celui de leurs semblables, car il doit exister dans toute Société une certaine solidarité entre ses divers membres si l'on veut que son bien-être, et son existence soient inattaquables.

A quel point de vue faut-il se placer si l'on veut examiner attentivement l'élaboration de la pensée dans ses diverses phases et comment faut-il juger ses manifestations? Simplement au point de vue de l'avancement moral et intellectuel des divers membres de la grande famille humaine issue d'une même origine et devant retourner à la même source, sitôt sa mission accomplie.

Dans la période de début, c'est à dire à l'origine des diverses Sociétés qui ont peuplé le globe terrestre, les hommes n'avaient pas l'intuition des règles du bien et de la justice telles qu'elles ont été établies par les grands esprits venus successivement pour leur faire comprendre leurs devoirs moraux, leurs droits et le but de toute existence. Ils apportaient avec eux la rudesse inhérente à toute création primitive, ils n'étaient pas polis, civilisés et généralement la force primait le droit, quelquefois la force brutale, le crime et le meurtre. Celà provenait du contact permanent de la créature avec cette nature sauvage qui était son domaine à l'origine et à laquelle elle était obligée de disputer, souvent au péril de sa vie et de sa santé, les éléments nécessaires à son entretien. Les premières familles furent des tribus; il existait des guerriers pour défendre la collectivité, des chefs, et enfin des hommes plus avancés dans l'âge qui, en raison de leur expérience, eurent l'apanage de régler les différends et de procéder à l'élaboration des divers règlements qui devaient servir de báse aux législations futures.

Voilà comment eut lieu l'élaboration de la pensée à son début.

Où prenaient-ils leurs inspirations, ces vieillards qui avaient charge de veiller au bon ordre et à l'avancement moral de la famille et de la tribu?

Elles leur venaient de régions célestes plus avancées que la Terre, c'est à dire qu'en raison de leur âge et de leur expérience ils attiraient vers eux des influences magnétiques, c'est à dire des fluides dépendant de ces régions, et ces fluides étaïent conformes à leur tempérament de sagesse et de raison; tandis que leurs fils occupés à guerroyer et à dépenser leur force musculaire recevaient des inspirations différentes se rapportant à leur tempérament barbare, inculte et primitif.

Par la suite, les mœurs s'adoucirent, il vint au contact des civilisations, du commerce et de l'industrie des influences nouvelles qui contribuèrent puissamment à élever le niveau moral et intellectuel des hommes. Les belles-lettres, les arts, la musique, la peinture, la sculpture prirent un essort prépondérant et eurent pour effet de mettre sous les yeux des générations nouvelles l'idée du beau et de l'esthétique; le vêtement perdit sa forme première de rudesse; enfin les arts naquirent sous toutes leurs formes et par leur diffusion contribuèrent à réléguer dans l'oubli la barbarie des premiers âges.

Plus tard encore, lorsque naquit le goût des guerres et des conquêtes, et aussi lorque les peuplades déshéritées de certains points de la Terre cherchèrent dans des régions plus favorisées les moyens de leur subsistance, se perfectionnèrent les industries du fer et celles qui se rapportent à l'armement des peuples.

Et tous ces progrès furent élaborés par la diffusion de la pensée humaine.

On pourrait suivre pas à pas jusqu'à nos jours la diffusion des idées et se rendre compte des divers changements et des diverses améliorations dont fut l'objet l'idée première en n'importe quel sujet et sous n'importe quelle forme. Notre tâche serait trop longue. Qu'il nous suffise de faire remarquer qu'il s'est trouvé un point initial à l'origine de cette pensée, et que depuis le début ses manifestations ont été généralement dirigées vers le bien.

Si parfois elle a été dénaturée, mal interprétée, c'est-à-dire si par suite d'un concours fatal de circonstances elle s'est trouvée faussée par des esprits qui en raison de leur imperfection en arrêtaient les essorts. il est à remarquer que tôt ou tard la loi du bien et de la raison a fini par se faire jour et par régner dans toute sa force.

Que peuvent sur l'intérêt général et la marche du progrès les idées fausses de ceux qui n'obtiennent simplement qu'un résultat sans valeur et plutôt nuisible qu'efficace? Absolument rien. Si parfois une idée paraît pratique malgré sa fausseté, et qu'elle soit acceptée par ceux qu'elle intéresse, elle ne tarde pas à tomber en désuétude et se trouve condamnée à l'oubli, car le bon sens du plus grand nombre fait à la lonque justice de l'aveuglement de quelques-uns.

Voilà, l'histoire en mains, ce qui s'est passé à diverses époques dans l'élaboration de la pensée, qui n'est en définitive que la préparation intellectuelle des évènements matériels se succédant sans interruption au sein des civilisations.

Ou aboutira l'élaboration de la pensée? Incontestablement, elle servira toujours à l'avancement moral et matériel des peuples; il contribuera à faire disparaître de la Société les tares de toute sorte qui l'avilissent, à améliorer le sort de tous les déshérités, et enfin à donner à chacun l'énergie de surmonter ses mauvaises inspirations et de faire son devoir pour se perfectionner lui-même, et contribuer par suite au bien-être moral et matériel de tous les autres.

Et tout ceci en vertu des influences magnétiques, qui se répercutent au loin en propageant en bloc ou séparément les divers sentiments inhérents à toute créature. Si le bien règne dans une partie du globe terrestre sous quelque forme que ce soit, prospérité industrielle ou commerciale, période remarquable dans la diffusion des arts, des sciences et des lettres, récoltes abondantes, etc., les parties avoisinant cette région ressentiront les salutaires effets de cette situation. Mais si le mal y exerce son action sous une forme quelconque, disette, épidémie, révolution, querelles intestines, guerres civiles ou religieuses, les voisins s'en porteront mal, et il en est de même pour toute créature considérée isolément. (*Voir chap. Influence personnelle.*)

Telles sont en général, considérées à un certain point de vue, les manifestations de la pensée humaine et leurs effets en bien et en mal.

Il incombe une part de responsabilité à chacun de nous dans les évènements qui se déroulent sur la planète. De même que certains méritent l'estime et la reconnaissance de leurs semblables pour les services qu'en vertu de leurs qualités morales ils ont rendu à l'humanité, d'autres paraissent blâmables, mais ne doivent pas tomber sous la haine et le mépris général, car il faut tenir compte de leur imperfection et de leur peu d'avancement en matière de progrès. C'est à chacun de se préserver de leur influence et de chercher, en pratiquant la lutte des idées d'une façon sincère et loyale, à les amener à des opinions meilleures et plus fraternelles.

Les mondes planétaires, Matière, Forces éthériques

La formation de la matière est trop complexe pour être analysée d'une façon approfondie. Qu'il nous suffise dedire qu'elle a été formée de divers éléments qui se trouvent dans l'athmosphère, joints aux débris de toute sorte qui constituent les corps célestes errant dans l'espace en voie de formation, et de ceux aussi des divers corps en perdition ayant accompli une destinée quelconque, et que dans le travail primordial de la formation de la matière, est rentrée l'action du feu céleste lequel est répandu sous diverses formes dans l'ensemble de l'univers.

Les éléments qui constituent une planète, sont donc le résultat d'une révolution qui s'est opérée dans une partie du ciel au profit de cette dernière. Quant aux éléments divers qui règnent à sa surface sous la forme de fleuves, montagnes, proéminences, ils ne sont que le résultat des diverses transformations par lesquelles elle a passé avant d'être habitable, et ce qui existe dans son sein est le résidu de tous ces éléments sous la forme de minéraux et de terrains primaires.

Les êtres qui la peuplent, et qui constituent les deux règnes, végétal et animal, c'est-à-dire la matière animée, puisent dans le sein de la planète les éléments nécessaires à l'ensemble et au maintien de leur matière personnelle, d'après leur nature propre et leur tempérament; quant à la forme ainsi que la nature spéciale de chaque espèce, elle est transmise par l'influence magnétique d'espèces similaires existant dans d'autres mondes de formation plus ancienne que la planète, et de nature plus avancée. Cette influence se manifeste sous la forme de fluides et peut être transmise aussi bien de loin que de près, peu importe la distance, ce qui explique la théorie de l'influence astrale émise par divers auteurs et théosophes.

La planète possède un fluide propre à elle-même, et ce fluide qui l'environne et la pénètre est analogue au fluide d'un être. Quand la planète a cessé de vivre, il se détache et s'en va par les espaces, jusqu'à ce qu'il ait trouvé à sympathiser avec une planète en formation de laquelle il prend possession, pour l'aider dans sa direction et dans son existence.

Donc, sur un point quelconque de l'univers planétaire, soit dans notre système, soit dans un autre, il se forme par suite d'une révolution éthérique, un amoncellement de matières appelé à constituer un corps céleste, étoile ou comète. Il faut une force pour diriger cet astre naissant.

De quoi se compose cette force?

Des influences magnétiques groupées, fondues, provenant, d'une planète ou d'un corps céleste en perdition, lorsque ce corps a été désagrégé et attiré par fragments ou en totalité vers le foyer du système duquel il dépend, ou vers d'autres foyers.

Et de temps à autre, il se forme de nouvelles masses, comètes, étoiles filantes, etc. qui gravitent dans l'espace sous une forme quelconque. Une planète n'est autre chose qu'une comète ou une étoile refroidie, et la course vagabonde d'nne comète ne s'explique que par la nécessité de faire opérer d'une façon plus rationnelle son refroidissement en la tenant éloignée du foyer qui plus tard l'aidera à faire naître la vie à sa surface.

Lorsqu'elle sera arrivée à son point normal de refroidissement, un des fluides planétaires disponibles la placera à son rang dans un des mondes qui composent l'univers, lui conservera ce mouvement giratoire dont le gyroscope de Foucault est l'image et la maintiendra ainsi jusqu'à total accomplissement de sa destinée.

Ce fluide planétaire, soit cette force, sera le coefficient de l'influence spirituelle de tous les membres d'une croyance.

Et ce ne seront pas les entités spirituelles elles-mêmes de cette croyance qui participeront à la formation de cette force, car elles sont réservées à d'autres destinées, mais bien le reliquat fluidique des choses matérielles les ayant touché de près, uni à divers autres fluides provenant des matières organiques de la planète en perdition.

Et cette force sera animée et dirigée par une puissance supérieure.

(Note complémentaire sur les comètes.)

La queue d'une comète est pour ainsi dire, le reflet de l'embrasement d'un corps solide ou noyau qui compose la comète elle-même. Il ne saurait être mieux comparé qu'à la lueur d'un incendie ou à la clarté que laisserait après elle une torche enflammée voyageant à travers les espaces. Et de quoi se compose ce reflet, cette lueur phosphorescente si bien décrite par les savants qui ont analysé cette question? De gaz en combustion.

Quels effets peut avoir le passage ou le retour d'une comète dans un système planétaire comme celui auquel nous appartenons? Ils sont nombreux et non encore totalement approfondis. Premièrement l'apparition d'un de ces astres a pour résultat de frapper l'imagination des hommes, un évènement de ce genre se présentant aux yeux des spectateurs comme un problème au milieu de la destinée du monde.

Plus tard, quand les esprits seront suffisament édifiés sur le rôle et la présence de ces astres vagabonds, nous aurons à leur égard des idées plus rationnelles et nous rirons peut-être des craintes suscitées dans les cerveaux timorés par leur apparition.

Il est à présumer qu'au point de vue de l'existence et des évènements respectifs se déroulant sur les corps planétaires de tout un système, perturbations athmosphériques, orages, cyclones, tremblements de terre, leur présence accidentelle doit exercer une influence. Effectivement, en raison de la présence au milieu de ce système, d'un corps cométaire embrasé dont les effets peuvent avoir une répercussion sur la chaleur solaire, quoi d'étonnant, à ce que dans l'athmosphère d'une planète il se produise des perturbations, des courants susceptibles d'amener des dépressions ou des relèvements subits de température? De là à conclure que les orages, les pluies torrentielles et les périodes de sècheresse seront la résultante de leur action magnétique, il n'y a qu'un pas.

Pour comprendre que simultanément telle ou telle région planétaire peut être sujette d'une façon différente à leur influence, il faut se rendre compte que les divers corps planétaires de tout un système sont solidaires les uns des autres et vivent ensemble sous la dépendance du Soleil qui les éclaire et leur donne la vie.

Or, en vertu des oppositions pouvant résulter dans l'ensemble et la diffusion de la chaleur solaire, si une cause accidentelle comme la présence d'une comète vient motiver cette opposition, telle partie du système, telle planète par conséquent, pourra être assujettie à une période de sécheresse, et telle autre, c'est-à-dire telle autre planète, pourra supporter une période adverse de froid, d'humidité, d'orages et d'inondations,

Minéraux -- Végétaux

A toutes les époques, les grands croyants, savants, philosophes et naturalistes ont fait la remarque qu'il existait une certaine analogie, une certaine parenté entre les minéraux, les végétaux et la créature humaine. Cette parenté, sans être nettement établie laisse cependant entrevoir une corrélation incontestable au point de vue fluidique, ou si l'on préfère magnétique, entre l'homme, les minéraux et les végétaux.

La Terre est une masse de matière refroidie qui a pu se suffire par elle-même, car elle contient dans son sein les éléments nécessaires à sa nutrition.

Elle se compose de diverses matières organiques à l'état solide qui constituent le règne minéral et qui portent en elles-mêmes, comme toutes choses, le germe de l'esprit divin, car les molécules agglomérées qui sont à l'état de matière inerte, viennent chacune à leur tour prendre part à l'existence de la matière animée. Tout n'est qu'une question de temps, de circontance et d'évènement dans cette métamorphose.

En vertu de quelle loi se produisent ces changements de forme? Par la chaleur, qui est la source de la vie et qui préside avec la lumière à l'existence de tous les êtres, alors que le froid et l'obscurité sont le symbole de la mort et de la déchéance.

D'où vient la chaleur? D'abord de l'intérieur de la

planète qui porte en elle-même un degré de température normal pour son existence après le refroidissement partiel qui s'est opéré en elle-même, et ensuite du Soleil qui la lui donne à sa surface, ce qui prouve d'une façon péremptoire que cet astre et la planète sont solidaires l'un de l'autre.

A l'état primitif, les matières organiques du sein de la terre qui sont maintenant refroidies étaient à un degré de température qui les faisait mouvoir. Le mouvement, c'est la vie; cette vie a été momentanément suspendue par suite du refroidissement et peut reprendre par suite de la chaleur. Exemple :

Si on porte à une haute température les minerais, les métaux ou une matière quelconque, cette matière entre en combustion et les molécules dont elle se compose se raniment et se meuvent.

Il est donc facile de comprendre que les molécules portent en elles-mêmes le germe de la vie et du mouvement et possèdent une influence particulière qu'elles tirent de leur foyer d'origine et qu'elles communiquent à tout ce qu'elles touchent, à tout ce qui les entoure. - De là. soit dit en passant, l'influence des métaux et pierres précieuses en magnétisme.-

Cette influence se communique-t-elle aux produits du sol c'est-à-dire aux végétaux émanant du sein de la terre?

Evidemment, et celà d'une façon différente, d'aprés la nature des corps solides d'où émane cette influence, et l'on sait que les terrains calcaires sont plus propres à certaines espèces, les terrains argileux à d'autres espèces.

Donc, cette influence se transforme, se métamorphose, si l'on veut, en une force que nous ne pouvons analyser, et quelle est cette influence?

Ce n'est autre chose que le fluide magnétique émanant du foyer central qui se trouve inné dans la matière et qui se trouve revivifié par l'action directe émanant de ce foyer.

Voici donc cette influence fluidique s'exerçant directement sur les choses sortant de la terre sous forme de végétation.

Où va-t-elle se diriger?

Elle se dirigera partout à la surface du globe et se fixera où elle pourra, c'est à dire où l'appellera LA SYMPATHIE QUI EST LA LOI D'UNION DE TOUS LES FLUIDES.

Sur quels êtres s'exercera-t-elle ?

Sur tous en général, du plus petit jusqu'au plus grand, et d'une façon différente, selon qu'elle sera portée par des plantes destinées à l'alimentation, à la médecine ou aux divers besoins matériels de tous les êtres, et elle se transformera toujours en bien ou en mal, selon qu'elle se dirigera vers les uns ou vers les autres, car elle s'attache où elle peut, il faut le répéter, et ce n'est pas une loi absolue que chaque fluide doive se loger dans le milieu qui lui est propre.

Si donc une influence mauvaise se loge dans un milieu bon, elle s'exerce sur ce milieu et se transforme elle-même au contact de ce milieu, de même que ce milieu est obligé de se transformer en la digérant. Il peut arriver cependant que ce milieu la repousse parce qu'elle n'est pas sympathique et qu'il est plus fort. Dans ce cas, il n'a pas à la supporter et elle va se loger autre part dans un terrain plus favorable à son èclosion.

Tous les êtres de la création sont donc appelés à supporter ces influences fluidiques émanant de la matière, et chaque espèce attire vers elle celles qui lui conviennent le mieux et celà d'après son tempérament. Ainsi les herbivores trouvent dans certaines plantes les qualités de nutrition et de force nécessaires à l'accomplissement du but que leur a donné la divine Providence et les carnassiers trouvent dans un autre genre de matière animée les forces nécessaires à l'alimentation de leur tempérament destructif.

Quand par suite d'usure de la matière organique les éléments primordiaux qui donnaient naissance à la vie sont revenus à leur état primitif de matière inerte, où va cette matière inerte et que deviennent les fluides dont elle était imprégnée, saturée, pourrait-on dire?

Lorsque la matière par suite de désorganisation due à la vieillesse et à la vétusté tombe en poussière ou en déchet organique quelconque, celà revient à la terre et demeure longtemps avant d'être revivifié, parce que celà est obligé de se mélanger à d'autres éléments qui lui donnent une vie nouvelle et au moyen de la chaleur solaire lui permettent de recouvrer une nouvelle force de germination. (Il existe aussi un autre principe vital d'une grande importance, la rosée du ciel, qu'il ne faut pas confondre avec la pluie, et en plus de celà les éléments divers existant dans l'athmosphère.)

A leur retour à la matière inerte les corps dégagent

des fluides, et TOUT LE MONDE SAURA UN JOUR QUE CES FLUIDES SONT LA PRINCIPALE FORCE DE LA NATURE et progressent indéfiniment jusqu'à complet perfectionnement en se mélangeant les uns aux autres.

Aucun des êtres de la création n'échappe à leur influence et l'homme qui est le mieux organisé en prend sa quote part et doit les digérer, se les assimiler, ce qui transforme son tempérament plusieurs fois dans l'existence.

Avant d'être de nouveau animés en vertu du principe indiqué plus haut, les corps conservent par devers eux une partie du fluide qui leur était propre, et leur simple attouchement met une personne en relation avec ce fluide, qu'il y ait sympathie ou animosité. C'est ce qui explique la puissance fluidique des objets que l'on conserve à titre de souvenir ayant appartenu à des personnes disparues, meubles, reliques, etc.

Ne vous séparez jamais des objets ayant appartenu à ceux de votre affection.

Si l'on considère que toutes choses sont saturées de cette énergie fluidique qui a présidé à leur formation, il est facile de comprendre qu'isolés de la matière les fluides continuent d'exercer leur action non seulement sur l'ensemble de la création, mais encore sur chaque partie prise isolément du grand Tout auquel nous appartenons, soit qu'ils se rencontrent sur un point isolé de ce Tout, soit qu'ils embrassent une partie de cet ensemble.

Que résultera-t-il de leur action combinée avec la matière ?

S'ils se rencontrent, ils produiront soit l'agitation. soit l'apaisement, selon que cette matière leur sera sympathique ou antipathique.

Où se rencontreront-ils ? Auprès d'un être quelconque ayant la forme matérielle et susceptible de leur servir de point d'appui; s'ils se rencontrent auprès de la créature humaine, agitation nerveuse, détraquement, apaisement; auprés d'une plante, d'un animal, même résultat.

Auprès d'une planète, voici ce qui se passe.

La planète n'est autre chose qu'un être vivant portant en lui-même une étincelle de l'esprit divin, et sous ce rapport, elle vit elle se meut, elle se déplace ainsi que tous les êtres et de même que ces derniers elle porte dans son sein le germe de la vie et du mouvement.

Deux fluides se rencontrent donc aux environs de cette planète. Ils se heurtent: de là agitation, orage. tremblement de terre. raz de marée, cyclone.

Quels sont ces fluides d'une nature particulière qui exercent un pouvoir d'autant plus considérable qu'ils détruisent et modifient tout sur leur passage? Ce sont les grands fluides de la planète et ceux des planètes avoisinantes qui rayonnent dans tout l'univers de même que les fluides se rapportant à la créature humaine et à tous les êtres rayonnent sur le globe auquel ils sont attachés. Il en est d'autres plus puissants encore qui président aux révolutions éthériques. à la formation des mondes et à la dispersion des corps célestes ayant accompli une destinée quelconque.

Les Animaux

Les animaux, comme l'homme, sont issus d'une source divine. Cette source émane de celui qui a créé le monde, et pourtant ils sont inférieurs à l'homme sous bien des rapports.

Envisageons d'abord à quel point de vue nous devons apprécier leur valeur spirituelle. Cette valeur est incontestablement inférieure à celle de l'homme; pourtant il faut leur reconnaître une certaine intelligence qui provient de leur accoutumance avec ce dernier et ils éprouvent aussi bien que lui les sentiments divers inhérents à toute créature; mais ils n'ont pas le libre arbitre, c'est-à-dire cette faculté qui permet à un être d'envisager les évènements de l'existence sous différents aspects. Ils pourraient cependant suppléer à cette faculté par l'instinct dont ils sont possesseurs, mais cet instinct se borne simplement à des manifestations d'un ordre secondaire si on les compare à celles de la nature humaine.

Pourquoi en est-il ainsi?

Evidemment parce qu'ils ont leur rôle dans la nature, de même que l'homme a le sien. Ils sont destinés à obéir, tandis que l'homme, en vertu de ses facultés, est apte à diriger et à commander.

De même que les minéraux et les végétaux, les animaux possèdent une influence fluidique qui leur est propre. De quoi se compose cette influence? D'abord de leur tempérament, et ce dernier, Dieu seul sait comment il s'est formé, ensuite des divers éléments qu'ils puisent çà et là pour leur nutrition.

Leur influence fluidique vient-elle se répercuter sur l'homme? Incontestablement, si l'on tient compte de la promiscuité qui existe entre certains d'entre eux et la créature humaine et il faut constater que cette influence est réciproque en vertu de la loi de sympathie qui régit le mouvement des fluides. De plus, l'usage qu'il en fait pour sa nourriture prédispose l'homme à ressentir plus fortement les effets de cette influence, parce que les matières organiques de l'animal servent de véhicule au fluide propre de ce dernier qui, dans ces conditions, fusionne plus facilement avec celui de l'homme.

D'où vient que les grands esprits de l'Antiquité versés en cette matière, Pythagore, Manou, Moïse, Mahomet, toléraient à leurs fidèles l'emploi de certaines viandes, tout en proscrivant certaines autres? Au nombre des viandes interdites dans les théodicées des premiers âges, on remarque celles des animaux nuisibles de toute espèce, volatiles, terrestres et aquatiques, parce qu'en général ces espèces, de par la destination qui leur est affectée, se nourrissent de matières organiques en putréfaction dégageant des fluides absolument contraires à notre tempérament.

Or, ces fluides s'étant amalgamés avec la chair de l'animal qui pour une raison quelconque a absorbé ces matières, sa chair sert à son tour de véhicule au fluide en question et peut contaminer l'enveloppe fluidique de ceux qui en feraient usage pour leur consommation. Si on veut se donner la peine de réfléchir, on trouvera dans cet exposé l'analyse de certains tempéraments, et de beaucoup d'intoxications.

Au point de vue fluidique, on devrait employer le moins possible comme nourriture la chair des animaux, parce que la matière animée dont ils se composent a supporté diverses modifications en prenant part à l'existence et certaines de ces modifications ont été la résultante de l'affaissement occasionné par la douleur; or, cette douleur a été le contrecoup de la faim, de la soif, du froid, de la chaleur, et quelquefois d'un travail excessif et du manque de soins. Il en est résulté autour de l'être l'amoncellement de fluides contraires qu'il a dû digérer en partie ou en totalité.

Il n'en est pas de même des fruits et des végétaux arrivés à leur maturité parfaite, parce qu'ils puisent dans le milieu ambiant les éléments fluidiques nécessaires à leur développement et que ces éléments viennent s'offrir à eux naturellement sans qu'ils aient à faire le moindre effort pour les recevoir et que de plus il n'ont pas à supporter dans leur évolution la répercussion de certains sentiments qui donnent naissance à la douleur et qui s'exercent couramment sur les animaux. — Si dans le cours de leur évolution ils éprouvent eux-mêmes un arrêt, c'est-à-dire une contrariété quelconque, cet arrêt sera la résultante de causes fortuites qui sont le froid, la sécheresse, un choc, et de ce fait ils seront impropres à la consommation parce que les fluides contraires qui se sont jetés sur eux, en ont modifié la nature, les ont corrompus et les ont empêché d'arriver à maturité.

Mais si, profitant sans aucune restriction, de la

température ambiante, de l'humidité contenue dans l'athmosphère, de la rosée du ciel et de la chaleur solaire, ils arrivent à complète maturité, ils auront acquis leur développement et cette maturité sans aucune contrariété, puisque les molécules dont ils se composent n'auront été arrêtées dans ce développement et cette maturité, par aucune cause extérieure qui leur fut nuisible. Et ils seront un aliment ne dégageant pour celui qui le consommera aucun fluide contraire pour l'organisme.

On devrait donc, pour toute nourriture, user de préférence des végétaux, à l'exclusion des matières animales.

Ainsi se trouve pleinement justifiée la théorie des végétariens.

L'influence fluidique des animaux se manifeste également par l'emploi de certaines préparations officinales qui prennent leur source et leurs principes dans leur dépouille. (Paracelse.)

Il peut arriver que l'homme, malgré qu'il possède la suprématie, c'est à dire la conscience et le libre arbitre, se rabaisse par sa façon de faire au dessous des animaux. Celà provient de diverses raisons: d'abord, de son degré d'imperfection, ensuite des influences fluidiques de ses frères inférieurs, quand il ne sait pas écarter et maîtriser ces influences.

S'il veut porter remède à cette situation et atténuer dans une certaine mesure les influences dangereuses qui pourraient provenir de ces derniers, c'est pour lui une chose très simple. Il n'a qu'à se remémorer les préceptes du bien, les mettre en pratique, ne pas les oublier, et faire à leur égard ce qu'il voudrait qui fût fait pour lui-même.

Influence de la matière au point de vue du développement et de l'affaissement des facultés mentales.

Si l'on veut se rendre compte de l'influence de la matière sur les facultés mentales, il faut partir de ce principe: «La matière est une et l'esprit est autre.»

La matière exerce une influence prépondérante sur l'esprit parce qu'elle est intimément liée à ce dernier. Si la matière n'existait pas, l'esprit n'aurait aucun moyen d'exercer ses facultés; il ne pourrait ni progresser, ni rétrograder, car il faut bien comprendre que la matière dégageant des fluides, l'enveloppe fluidique de la créature a toujours la tendance à se les assimiler ou à les repousser et à se transformer à leur contact. L'esprit qui se trouve régi par l'enveloppe fluidique de l'être est porté naturellement à subir les effets de cette transformation.

L'esprit et la matière sont donc solidaires l'un de l'autre.

Pourquoi la matière a-t-elle été faite?

La matière, c'est ce que Dieu a fait pour permettre à ses enfants de participer à l'existence; il ne faut pas la mépriser. mais bien l'aimer autant que soi-même, car c'est de là que nous venons, indirectement c'est vrai, et aussi ce qui nous fait vivre, nous entretient et permet à notre esprit de se perfectionner.

On dira que l'esprit peut au contact de la matière rétrograder, c'est-à-dire prendre certaines tendances qui l'avilissent: c'est très-vrai: mais c'est dans l'ordre des choses, et il doit se tenir pour averti et tenir compte de son pouvoir et de sa personnalité pour éviter les écueils que présente la matière dans le développement des passions humaines.

La matière est faite pour être exploitée et utilisée, mais il ne faut pas s'y attacher au point de perdre de vue qu'il faudra un jour s'en séparer; il faut au contraire se familiariser avec cette idée. Plus l'esprit s'attache à la matière, moins il s'avance vers cette perfection progressive qui doit lui permettre de se diriger un jour vers des sphères moins matérielles que la Terre.

Au point de vue des fonctions naturelles. celui qui ne s'attache pas à la matière attire des fluides très avancés et suffisamment dématérialisés pour exercer sur lui une influence bienfaisante, le rendre inaccessible aux défaillances qui sont le partage de la nature humaine et lui permettre de supporter ses imperfections.

Celui qui s'y attache outre mesure attire d'une façon exagérée les fluides imparfaitement dématérialisés; il doit donc supporter leur influence et cette influence peut être déprimante et mettre en état d'infériorité l'organisme qui est appelé à les supporter.

On objectera que pour les besoins de la vie. il ne faut pas négliger les choses matérielles: c'est exact. Mais il s'agit simplement de se tenir sur ses gardes lorsqu'on ne peut se placer dans un milieu duquel les influences dangereuses soient écartées.

En outre, ceux qui dans leurs rapports directs avec la matière, qu'il s'agisse de la nourriture, de la boisson du travail, ou en général des fonctions organiques de leur corps, ne prennent par les précautions nécessaires pour en atténuer les effets pernicieux, sont exposés à éprouver des troubles moraux et corporels qui prennent naissance dans ses impuretés, celle-ci portant en elle-même les germes de toutes les maladies infectieuses et pouvant donner naissance non seulement au vice, mais encore à la maladie.

Il peut donc en résulter non seulement une sorte de déchéance spirituelle, mais encore des troubles très graves dans l'économie. En effet, en outre des imperfections matérielles, des infirmités, des accidents corporels imprévus et inévitables et des maladies qu'elle suscite chez l'homme, elle est, par suite de ces accidents, la cause première de l'apparition de la douleur et du développement des sentiments qui l'accompagnent et ont pour effet de diminuer la valeur morale de l'être: ainsi l'impatience, le manque de résolution, l'hésitation, la crainte, la pusillanimité, et enfin le découragement.

Ce sont ces sentiments que chacun doit chercher à surmonter par la patience, la résignation, le courage et la volonté.

Voilà comment doit se perfectionner une âme.

Influence des corps célestes sur l'affaiblissement des facultés mentales et leur rétablissement.

Chacun sait que les étoiles et en particulier les corps planétaires dégagent des fluides de la plus haute importance et que ces fluides exercent leur action sur l'ensemble de la Création et en particulier sur tous les êtres qui la composent.

Pourquoi cette influence magnétique? Tout simplement parce que chacun de ces êtres est originaire d'une région étrangère à celle qu'il habite, c'est à dire qu'avant de se trouver dans le milieu où il existe, son influence fluidique était située dans une autre partie du Ciel d'où elle a été distraite pour une raison quelconque par un fluide supérieur et transportée au lieu où elle se trouve.

Cette règle peut paraître ne pas s'appliquer à certains sujets, si l'on considère que ces sujets ont été amenés à se reproduire dans le milieu dont ils sont originaires. Mais si l'on veut bien reconnaître que les primitifs d'une race ou d'une espèce sont venus de quelque part, on en concluera qu'ils se trouvent sous une influence générale qui émane d'une partie du Ciel et que cette influence régit leur destinée et la régira tant que l'espèce existera et se reproduira dans le lieu où ses rejetons se trouvent en mission ou expatriés pour ainsi dire.

Celà ne veut pas dire que telle espèce soit particulière à telle région ou à telle planète et que venant d'un corps céleste elle ne puisse se propager que dans tel autre corps céleste. Il est une règle contre laquelle personne ne peut élever l'ombre d'un doute, c'est que tous les corps qui gravitent dans l'espace sont de la même nature, ont une athmosphère équivalente et sont régis par des lois à peu près semblables concernant la densité et la pesanteur, Ils sont donc tous frères, abstraction faite de leur degré d'avancement qui peut être évalué par l'état où ils en sont de leur refroidissement et la durée qui leur reste à courir avant d'avoir accompli leur destinée en totalité.

A première vue, cette différence de situation les met chacun dans un état différent de celui de ses voisins en ce qui concerne la végétation, la propagation de certaines espèces, etc. Mais comme tout n'est question de durée dans leur évolution, cette différence n'a pas d'importance, et il est à présumer que fraternisent ensemble ceux qui sont d'un degré d'avancement à peu près similaire; mais la nature des uns et des autres est toujours la même.

Voici donc une espèce qui d'une partie du Ciel aura ramifié par ses effluves fluidiques ou si l'on préfère par les entités représentant cette espèce sur une autre partie du ciel, c'est-à dire sur une planète dont le refroidissement était assez avancé pour devenir habitable et dont les conditions climatériques et les ressources végétales étaient favorables à la propagation de cette espèce; exemple : l'éléphant, le mammouth, les grands sauriens. Tant que la planète qui leur avait donné l'hospitalité a pu les nourrir, les entretenir et leur donner l'existence dans toutes ses parties, ils ont continué d'y vivre et de s'y reproduire; mais le jour où par suite d'évènements quelconques leur race s'est trouvée à l'étroit sur cette planète, ils ont disparu, et leurs fluides se sont retirés vers des régions plus hospitalières et plus productives; si l'on préfère, la puissance supérieure qui les avait amenés les a ramenés vers d'autres terres célestes pour s'y reproduire de nouveau et y perpétuer leur race.

Ce qui prouve que l influence d'une espèce quelconque ne dépend pas en totalité de la planète sur laquelle elle se trouve momentanément, mais aussi d'autres régions ou planètes où elle a laissé des frères plus avancés ou plus arriérés; or, tous les membres de cette espèce, arriérés et avancés sont solidaires les uns des autres; ils sont tous frères, c'est la loi.

Dans le chapitre de la diffusion des idées, nous avons fait comprendre que deux idées étaient généralement en présence et que les arriérés devaient succomber devant leurs frères plus avancés pour devenir avancés eux-mêmes et se trouver à leur tour en présence d'autres arriérés, car la Création est éternelle et perpétuelle, et le «va-et-vient fluidique» entre les divers corps célestes est également perpétuel.

Ceci dit, et pour expliquer que les influences astrales et planétaires ne sont pas de vains mots inventés pour faire rire la galerie des sceptiques et des incrédules, nous dirons simplement que chaque espèce puise ses influences principales aux sources d'où elle est sortie et que chaque partie du Ciel déverse à tour de rôle sur les planètes habitées les fluides qui doivent participer à l'existence et contribuer à l'avancement du corps céleste auquel ils sont affectés.

Il s'en suit donc que l'espèce humaine comme les autres doit supporter les influences de l'au-delà, de même qu'elle supporte celles de la planète qu'elle habite.

De là à présumer que ces influences sont à tour de rôle de modération, d'apaisement, de violence et d'agitation, il n'y a qu'un pas. C'est à chacun de savoir comprendre que chaque fluide selon sa nature, se dirige vers le milieu qui lui convient et cherche à s'y attacher. Et comme en général, les plus forts ont seuls la faculté de propager leur pouvoir à longues distances, il s'en suit que plus est éloignée de nous la région qui les fournit, plus grande est leur puissance.

Note complémentaire sur la formation des espèces

A première vue il parait résulter de cet exposé que certains corps planétaires déversent à tour de rôle sur les divers corps en formation les éléments fluidiques nécessaires à la formation des espèces. Ce point établi, faut-il encore qu'ils aient tiré eux-mêmes de quelque part ces éléments fluidiques, car il ne faut pas perdre de vue qu'un corps planétaire n'est autre chose qu'un corps ayant terminé une partie de son évolution et s'étant trouvé comme tous les autres dans la situation d'un corps en formation.

Le fait est donc exact en ce qui concerne les plus avancés qui possèdent et peuvent par conséquent en faire bénéficier leurs voisins, des espèces suffisamment perfectionnées et ayant mis le temps nécessaire à leur évolution, car il ne faut pas ignorer que certaines espèces peuvent mettre un temps incalculable pour arriver au parachèvement de leur structure, selon les lois naturelles qui obligent tous les êtres à diriger leur volonté et par conséquent l'ensemble de leurs facultés vers le but de leur existence, cette règle ayant pour effet de faire supporter à leur organisme les transformations nécessaires à l'élaboration de leur travail et à l'assimilation de leur nourriture.

Et la durée de l'évolution dans la superstructure des êtres divers qui peuplent l'univers, se trouve comprise dans l'ensemble des six jours de Moïse. Effectivement, un jour sidéral est l'équivalent, d'après Manou, de 43 millions d'années terrestres et un jour sidéral représente d'une façon péremptoire la durée de la révolution du Soleil et du système qu' entraine cet astre autour du firmament, ainsi que des constellations et des divers autres systèmes effectuant la même révolution en vertu de la loi divine. mouvement mis en évidence aux premiers âges de la Terre par les mages de la Chaldée.

Ceci dit, il faut comprendre que tous les corps célestes ne sont pas dans la même situation et que si un corps planétaire possède assez d'avancement pour fournir à ses frères les éléments fluidiques nécessaires à la propagation des principales espèces, il est d'autres espèces de nature plus rudimentaire, dont l'éclosion fluidique a lieu sur la planète en formation prise comme exemple dans le cas qui nous préoccupe: au nombre de ces espèces, celles qui sont sujettes à une influence saisonnière et qui ne peuvent se perpétuer indéfiniment par suite des variations de la température. et celles aussi qui prenant naissance dans les transformations de la matière, ne peuvent se perpétuer parce que leur évolution se trouve contrariée par une cause quelconque qu'il est superflu d'approfondir et d'analyser, mais qui rentre dans les lois de l'évolution des êtres.

Ce qui prouve que la planète en formation peut être considérée comme une colonie du Ciel, pour ainsi dire, et que si, sous certains rapports, elle est tributaire et solidaire de certains corps célestes, sous d'autres rapports elle pourrait se suffire à elle-même, à la condition de suivre les mêmes règles que ses sœurs aînées, dans son évolution et dans la sélection des espèces qui la peuplent.

Différence de sensibilité et de rapidité dans la transmission à grandes distances de la lumière, des ondes sonores, des odeurs et de la pensée. Leur influence respective sur les divers fluides qui sympathisent avec le corps animés, soit que ces fluides fassent partie intégrale du corps céleste auquel ils sont attachés, soit qu'ils errent dans l'espace à travers les différents corps qui peuplent l'univers. L'évaporation.

Il parait à première vue exister une corrélation entre les différents corps d'où émanent la lumière, le son, les odeurs et la pensée. C'est exact, ils sont de la même nature, de la même conformation, et puisent aux mêmes sources leur pouvoir de dilatation. Il n'est donc pas étonnant que chacun dans son domaine respectif donne naissance à des effluves qui par leur combinaison avec l'athmosphère ambiante exercent une influence sur les fluides avoisinants.

Pourquoi cette influence?

Parce qu'ils sont issus d'une même source qui elle aussi dégage des fluides similaires et que ces fluides sympathisent entre eux, car la lumière, le son, la pensée et les odeurs ne sont en définitive que la forme fluidique résultant d'un phénomène qui se produit dans le heurt ou si l'ont préfère dans le contact des diverses parties de la matière les unes contre les autres.

Il est un fait incontestable: c'est que la propagation lointaine de ces divers fluides qui donnent naissance à la lumière, à la pensée au son et aux odeurs se fera d'une façon plus imparfaite à la surface d'une planète qu'à l'extérieur de cette dernière. par suite de la présence à demeure sur cette planète des proéminences et des accidents de terrain qui la recouvrent, mais cette propagation se fera quand même, témoin les deflagrations de la poudre. les éruptions volcaniques et les tremblements de terre dont les effets se répercutent à des distances considérables.

Mais si ces phénomènes ne rencontrent devant leur champ d'action aucun obstacle qui puisse s'opposer à la diffusion de leurs effets. par exemple si leur répercussion se produit dans la direction des espaces célestes. elle s'effectuera avec une plus grande rapidité et une plus grande pureté et atteindra des distances que nous ne pouvons évaluer qui ne sont pas à la portée de notre entendement, ET PAS SOUS LA FORME INITIALE DE CES DIVERS PHÉNOMÈNES mais sous la forme des fluides auxquels ils ont donné naissance. car si le son et les odeurs eux-mêmes ne peuvent se propager indéfiniment par suite de la raréfaction de l'athmosphère, LA FORME FLUIDIQUE A LAQUELLE ILS ONT DONNÉ NAISSANCE PEUT RAYONNER SANS LIMITES, LE DÉFAUT D'ATHMOSPHÈRE AMBIANTE PROPRE A UNE PLANÈTE N'ÉTANT PAS UN OBSTACLE A LEUR RAYONNEMENT.

En ce qui concerne la question de sensibilité et de

sympathie de ces fluides avec ceux existant dans les régions plus ou moins lointaines, elle peut être évaluée par le degré d'épuration de chacun d'eux.

Quant à la question de rapidité dans l'union respective qui s'effectue entre eux et tous les autres, voici ce qui se produit, plus la matière qui les émet est épurée, plus grand est leur pouvoir de transmission, parce que les vibrations atteignent un degré d'intensité correspondant à la pureté de cette matière. Exemple: les vibrations émanant des instruments de musique s'effectuent avec d'autant plus de clarté que l'instrument est d'autant plus perfectionné et composé de meilleurs matériaux. (Edison.)

Il en est de même soit dit en passant. de toutes les parties de matière qui composent la création. Chacune vibrera selon son degré de pureté.

Nous voici donc en présence de ces divers fluides.

Quelle place leur assigner respectivement dans leur diffusion au point de vue de la rapidité. cette rapidité devant être la résultante de leur pureté, ou si l'on préfère, de leur degré d'affinité?

1° Pensée
2° Lumière
3° Son
4° Odeurs

D'où émane la pensée? Elle émane des impressions ressenties par le cerveau de l'homme au contact des éléments et des influences diverses qui viennent sous forme de fluides se répercuter autour de lui.

Etant donné que ces fluides ont déjà subi l'opération préliminaire indispensable à leur émission, la pensée sera la résultante d'une combinaison ou d'un amalgame fluidique entre ces fluides et le fluide personnel environnant l'être qui élabore la pensée. Il n'existe donc dans la formation de la pensée aucune opération matérielle comme dans la formation du son, des odeurs et de la lumière, et n'ayant pas à supporter les métamorphoses qui se produisent au contact de l'athmosphère pour le son, les odeurs et la lumière, elle sera d'autant plus rapide et plus affinée.

Le son. les odeurs et la lumière émanent eux, d'une combinaison de fluides fournis par des parties de la matière qui dégagent des fluides c'est vrai: par elles-mêmes. mais ne sont pas en situation en vertu de leur nature de matière inerte, d'élaborer des fluides d'une aussi grande pureté que ceux rentrant dans la formation de la pensée; donc le résultat de la combinaison fluidique à laquelle participent les parties de la matière dans l'élaboration de la lumière, du son et des odeurs ne peut avoir autant de pureté que le coefficient de la pensée et par conséquent ne peut se transmettre avec autant de rapidité et d'affinité que cette dernière

Donc, différence dans leur degré d'importance et différence dans leur pouvoir de transmission et leur degré d'affinité.

De plus, les fluides procédant de la matière inerte ont en vertu de la loi de sympathie la tendance à se mélanger avec ceux provenant de la matière animée et sont obligés de subir une transformation qui donne lieu à une combinaison fluidique, bien rapide c'est vrai. mais qui existe pourtant, indéniable. et en quoi consiste cette combinaison?

Dans leur union avec l'athmosphère qui est elle-même un fluide d'une ténuité remarquable enveloppant une planète et exerçant son action sur tous les fluides isolés qui rentrent en contact avec elle.

Les fluides émanant du son se perpétueront avec avec une plus grande rapidité que ceux émanant d'une matière en combustion en en décomposition qui fournit généralement les fluides se rapportant aux odeurs, parce que la combustion et la décomposition s'effectuent avec une certaine lenteur, tandis que le son est le produit d'un choc violent des ondes sonores sur les différentes parties de l'athmosphère qui nous environne, et ce choc se produit avec une rapidité d'autant plus grande qu'il est fourni par les vibrations des cordes vocales. d'un instrument de musique ou d'une arme à feu.

Quant à la lumière, son influence fluidique se transmet moins rapidement que celle de la pensée, mais plus rapidement que celle du son et des odeurs, parce qu'elle est le produit de matières en ignition. Or, le feu ayant pour effet de dématérialiser les choses plus rapidement que tout autre procédé, l'influence fluidique qui se dégage d'un brasier incandescent a plus de force que toute autre influence et possède la faculté de se transmettre avec plus de rapidité.

L'évaporation doit rentrer en ligne de compte dans l'élaboration des fluides divers sujets à impressionner les divers autres fluides existant dans l'athmosphère ou au delà de cette athmosphère, parce que l'évaporation est la résultante. le coefficient des produits liquides de toute sorte qui rentrent dans la composition du corps humain et de tous les corps animés, qu'ils appartiennent au règne végétal ou animal, et dans la composition de la planète QUI N'EST ELLE MÊME QU'UN CORPS ANIMÉ SOUS LA DÉPENDANCE D' INFLUENCES PLUS FORTES QUE LA SIENNE.

Donc l'évaporation rentre en ligne de compte parce que son produit se mélange avec l'athmosphère; et dès l'instant qu'il existe une combinaison fluidique entre cette athmosphère et les fluides provenant des corps inertes à l'instant précis où ils ont la tendance à sympathiser, il s'agit de savoir avec quelle rapidité l'évaporation exercera son influence sur lesdits fluides avant de se mélanger avec l'athmosphère ainsi que sur ceux qui dépendent des corps animés, ces derniers supportant eux aussi leur quote part de cette influence.

Evidemment l'évaporation qui se produit d'une façon équivalente à la combustion ou à la putréfaction des matières donnant lieu aux fluides de la lumière et des odeurs, donner, elle aussi naissance à des fluides similaires devant rentrer en ligne de compte avec les autres précités, mais à quel degré de rapidité et d'affinité faudra-t-il la considérer? — Bien qu'il soit difficile d'évaluer ce degré, nous allons essayer de répondre à cette question.

L'évaporation à première vue est lente ou rapide, selon qu'elle provient de matières gazeuses, aqueuses en ébullition ou aqueuses à la température normale de 8° ; cette remarque est vraie et selon que l'évaporation sera lente ou rapide les fluides qui l'environnent en seront plus ou moins influencés, mais ils le seront toujours en vertu du principe lui-même de l'évaporation qui s'effectue d'une façon perpétuelle et permanente.

Si elle se produit avec rapidité, c'est-à-dire si elle est le produit de matières gazeuses, ou si elle est activée par un agent quelconque, les fluides en seront influencés et sympathiseront avec elle plus rapidement que pour les odeurs, mais moins rapidement que pour la lumière, le son et la pensée, parce-qu'elle est le produit d'une opération moins rapide que celle donnant naissance à ces phénomènes et de matières non encore dématérialisées, et si elle se produit à l'état normal de la température, c'est-à-dire sans auxiliaires quelconques ou qu'elle soit la résultante de matières simplement aqueuses à la température normale, elle se produira plus lentement et les fluides environnants en seront influencés avec plus de lenteur.

Mouvement des corps Gazeux

Au sujet du mouvement des corps gazeux situés dans l'espace et se mouvant à l'intérieur ou à l'extérieur de notre atmosphère, il faut considérer que chacun de ces corps peut être assimilé à un corps quelconque de la Création, terrestre ou planétaire dont un fluide a pris possession pour exercer sur lui sa tendance, le diriger, et lui faire accomplir le but qui lui est propre. Le fluide auquel est dévolue cette tâche prend-il la forme de ce corps ? Evidemment. Et si pour une raison quelconque, désagrégation ou destruction de ce corps, retour à la matière inerte, ce fluide vient à le quitter, il se dirige instinctivement vers un corps similaire pour en prendre possession, ou vers tout autre corps de forme analogue avec lequel il puisse sympathiser, et dans ces conditions, il perd insensiblement sa forme première et reprend une nouvelle forme adéquate au corps qu'il a pris la charge de diriger.

Si l'on veut bien ensuite envisager l'origine de ce fluide on concevra qu'il est issu d'une partie de matière planétaire ayant subi une transformation soudaine dans son évolution. Exemple : un de ceux qui résultent de la combustion des matières en ignition ou en putréfaction.

Reste maintenant à examiner pourquoi les fluides qui se dégagent de la matière pour une cause quelconque, combustion, putréfaction, ont pour effet, lorsqu'ils ont pris possession des corps gazeux suspendus dans l'athmosphère, de redonner naissance à la forme initiale du feu céleste qui se produit à nos yeux sous la forme d'éclairs.

C'est pour la raison suivante:

Le feu est inné dans la matière et sa production résulte du choc violent ou du frottement de deux corps inertes l'un contre l'autre. Il ne meurt pas, et si à son extinction il semble disparaître à nos yeux, il n'en est rien. Il a simplement changé de forme et s'est métamorphosé en une forme fluidique.

Il s'en suit donc que si cette forme fluidique s'élève dans l'athmosphère et va envelopper les masses aqueuses suspendues au dessus de nos têtes, lorsque ces masses se rencontreront pour une cause quelconque, de leur choc, de leur rapprochement, de leur frottement, si l'on veut bien, jaillira une étincelle qui paraîtra à nos yeux sous la forme d'un éclair, et comme la puissance de cette étincelle est subordonnée à la masse d'où elle provient, elle pourra exercer une action en rapport avec son importance, c'est-à-dire qu'elle sera assez forte pour frapper et incendier un monument, un être quelconque de la Création, de même que l'étincelle émanant d'un briquet peut enflammer un morceau d'amadou.

Les Vents

«Un souffle passa devant ma face et mes cheveux se hérissèrent.»

Si nous citons ces paroles du prophète Isaïe, c'est pour faire comprendre, ainsi que celà découle d'autres exposés de notre ouvrage, que l'existence humaine se trouve régie par des causes extérieures indépendantes de la volonté de l'homme. Dans certains milieux, il est parfaitement admis que dans un local hermétiquement clos, un ou plusieurs membres de l'assistance peuvent être impressionnés par un souffle occasionnel qui les frappe et laisse sur leur visage ou sur leurs mains une sensation de fraicheur.

Nous voici donc en présence d'un phénomène d'ordre spirituel ou si l'on préfère, d'ordre fluidique, puisque la force mise en mouvement dans la production de ce phénomène n'a aucune apparence et et ne peut être attribuée qu'aux fluides qui sympathisent avec l'assistance.

Si l'on veut bien admettre que tous les corps dans l'univers possèdent les mêmes tendances et les mêmes facultés autant pour la propulsion dont ils sont animés que pour les éléments fluidiques dont ils dépendent, on reconnaîtra que dans un système planétaire, toutes les parties qui composent l'ensemble du système sous la forme des planètes et de leurs divers satellites doivent être sous la dépendance de forces fluidiques analogues à celles qui se manifestent dans une assistance ou dans une maison particulière et que ces forces SONT SUBORDONNÉES QUANT A LEUR POUVOIR A L'ENSEMBLE DE LA MASSE AVEC LAQUELLE ELLES SONT EN CONTACT.

De quelle façon ces forces se manifestent-elles? Tantôt sous la forme de la poussée printannière, tantôt sous la forme des zéphirs ou d'un vent violent et enfin lorsque les éléments sont en furie, sous la forme d'ouragans, cyclones, etc.

Les vents sont des fluides arrivés à leur entier parachèvement et ayant acquis la force nécessaire pour exercer une influence sur les régions où ils sont attirés par la sympathie qui s'exerce entre eux et la matière et leur action s'exerce d'une façon différente d'après, la contexture de cette matière, c'est-à-dire qu'elle est subordonnée à la configuration des pays, aux proéminences et aux déclivités du sol, enfin à la position de la Terre dans le Ciel, cette position qui se renouvelle périodiquement selon l'époque de l'année ayant pour effet d'attirer vers elle des fluides équivalents, c'est-à-dire des influences d'un genre similaire. Et ces fluides, qu'ils manifestent leur action sous la forme de végétation, d'orages, de vents périodiques ou de tempêtes. ont pour effet d'exercer une action sur l'existence de la planète, car si les uns contribuent à lui donner la vie en activant ses ressources végétatives, les autres apportent avec eux le désastre et la dévastation.

Reste maintenant à expliquer par quelles règles sont régis les mouvements des vents et courants athmosphériques.

Par les différences de sensibilité existant entre les diverses parties de la matière, ces différences exerçant une action réflexe sur les masses fluidiques et athmosphériques environnantes.

Ces différences de sensibilité sont motivées par des raisons nombreuses, au nombre desquelles se trouvent l'élévation ou l'abaissement subits de la température, ces variations résultant en général du déplacement de la planète, c'est-à-dire de son changement de position dans le ciel, et conséquemment de la variation des influences astrales qu'elle doit supporter.

Car la planète marche dans le Ciel de même que l'homme marche sur la Terre et de même qu'autour de l'homme s'agitent ses semblables qui exercent sur lui la répercussion de leurs sentiments divers, autour de la planète vivent et évoluent d'autres astres de même nature qu'elle qui dirigent vers elle des courants de sympathie ou d'antipathie, selon leur position respective et leur degré d'évolution.

L'Imagination, L'Inspiration

L'imagination est cette faculté qui permet à toute personne de songer à diverses choses. Elle peut entraîner fort loin celui qui se prête à des rêveries, parce que l'esprit se trouvant dégagé des liens de la matière atteint une puissance extraordinaire et peut arriver à faire des prodiges.

Quand vous songez à quelque chose, songez y d'une façon modérée et ayez toujours conscience de vous-même, sinon vous attirerez des influences que vous ne pourrez supporter et qui amènent chez certains un ébranlement cérébral.

La raison de ce qui précède, c'est que les fluides qui en cette circonstance vous donnent l'inspiration sont très épurés et ont une puissance énorme; si donc votre fluide personnel n'est pas lui-même assez épuré, c'est-à-dire si vous n'êtes pas assez pondéré, il s'en suivra une lutte dans laquelle vous aurez le dessous. Et si malgré celà votre fluide est assez épuré, c'est-à-dire si vous avez pleine et entière conscience de l'œuvre à laquelle vous travaillez, FAITES EN SORTE DE NE JAMAIS AVOIR DES INSPIRATIONS DIFFÉRENTES, LES UNES VERS LE BIEN, LES AUTRES VERS LE MAL.

Une réflexion pondérée est ce qu'il y a de mieux dans l'existence, parce que la pondération est un juste milieu et que toute personne a intérêt à sa tranquillité.

Il faut cependant que de temps à autre s'élèvent des esprits supérieurs pour mener à bonne fin les œuvres qui sont dans les vues de la Providence. C'est à ceux là que sont réservées les fortes inspirations, parce qu'étant plus avancés et mieux trempés ils sont capables de les supporter et de mener à bien l'accomplissement de leurs travaux.

Quant aux autres, c'est différent; s'ils veulent participer à ces fortes inspirations, (et certes sont nombreux ceux qui cherchent à produire une œuvre personnelle), ils s'énervent de ne pouvoir venir à bout des idées qui leur sont suggérées, et ne peuvent arriver à ce résultat parce qu'ils ne sont pas assez avancés, assez pondérés, ni quelquefois assez instruits.

De là ces troubles nerveux et autres qui font le désespoir des malades parce qu'ils n'en comprennent pas toujours la raison et ensuite de ceux qui les soignent, qui eux, savent bien à quoi s'en tenir sur la cause première de ces détraquements cérébraux, mais arrivent difficilement à convaincre les malades.

Autant dans les travaux de l'esprit, que dans toutes les circonstances de la vie, il est très dangereux de mélanger ses influences. Si quelqu'un commet l'imprudence d'amonceller autour de lui des fluides disparates et complètement étrangers et antipathiques les uns aux autres, malheur à lui. Il ne sera délivré de son agitation que lorsqu'il aura réussi à écarter les uns au détriment des autres et lorsqu'il n'aura plus autour de lui que des fluides totalement sympathiques à sa personne.

Il faut ensuite, quand on pense à quelque chose, ne pas être distrait et ne pas mener de front plusieurs idées et plusieurs travaux différents, sinon les pensées viendront vous assaillir et vous laisseront dans un état d'énervement épouvantable, sans préjudice de la peine et du temps que vous perdrez, car votre travail sera d'une valeur très inférieure.

En résumé, penser exclusivement à ce que l'on fait et ne pas être distrait, sont les conditions premières de la réussite et du repos de l'esprit.

L'intuition est une faculté qui se trouve plus ou moins développée chez les uns et chez les autres, parce que divers sentiments se heurtent généralement dans l'esprit des personnes; or, celui qui n'est pas assez pondéré pour se rendre maître de ces sentiments, à l'exclusion d'un seul, vient difficilement à bout de son inspiration.

Il arrive parfois cependant qu'il les maîtrise et n'accorde dans son travail, son attention qu'à un seul. Dans ce cas, il peut, dans le domaine de l'intelligence, s'élever au dessus de la moyenne. Mais comme l'inspiration qu'il a écoutée précédemment et dans d'autres circonstances est sujette à revenir, si à son arrivée elle se trouve en présence d'autres inspirations de genre et de nature différents, l'inspiré se trouve soudainement en proie à des sentiments divers.-De là l'agitation.

Celui qui suit naturellement le cours de ses idées agit selon son tempérament et utilise ses connaissances spéciales dont il tire partie avec sa nature propre et l'originalité de son esprit.

Un fait digne de remarque: de grands écrivains se sont cantonnés dans un genre dont ils ne sont pas sortis; c'est que leur tempérament ne se prêtait pas à diverses inspirations, tandis que d'autres ont abordé tous les genres, du plaisant au sévère, du badin au sublime; critique, épopée, roman. philosophie. rien ne manque à leur bagage littéraire.

D'où provient cette diversité dans leurs facultés imaginatives? De leur tempérament, de la grande flexibilité de leur caractère, cet état particulier d'une intuition permettant à celui qui en est doué d'accepter diverses inspirations de différente nature. Celà peut provenir également de l'amalgame existant dans l'influence fluidique de l'inspiré, soit qu'il aît travaillé lui-même à former cet amalgame par ses études diverses, soit que cet amalgame AIT ÉTÉ FORMÉ A SON INSU A SON ENTRÉE DANS L'EXISTENCE PAR LES DIVERSES INFLUENCES MAGNÉTIQUES QUI EXERÇAIENT LEUR POUVOIR AUTOUR DE SES ASCENDANTS.

L'inspiration est capricieuse: utilisez la quand elle se présente, et lorsqu'une idée lumineuse jaillit dans votre intelligence, notez la sans retard et ne la laissez pas échapper; sinon l'inspiration arrivera progressivement à s'éteindre, une faculté qui n'est pas entretenue pouvant à la longue disparaître et s'effacer pour toujours.

Envisagée au point de vue des arts, l'inspiration doit être également utilisée dès qu'elle arrive. Ceux qui ont l'intuition nécessaire pour connaître leur inspiration éprouvent à certains moments un sentiment irrésistible qui les pousse à travailler, et comme généralement ils suivent cette idée, l'œuvre qu'ils édifient ne s'en porte que mieux. Mais si par suite de circonstances défavorables l'inspiration ne se fait pas sentir et que le travail avance péniblement, ils savent qu'il vaut mieux jeter son pinceau ou son ciseau dans un coin et aller se promener.

Différents moyens existent pour attirer l'inspiration. Le meilleur, c'est d'être en pleine possession de son sujet, ne pas tatonner dans des recherches obsédantes et à cet effet l'avoir suffisament étudié et approfondi pour le traiter d'une façon supérieure. Pour la retenir, il faut autant que possible, ne pas mélanger plusieurs travaux d'un genre différent, travailler régulièrement à l'œuvre que l'on élabore, et ne pas se laisser distraire.

Si votre nature est favorable à l'éclosion des sentiments qui ont pour effet de donner aux autres l'image du bien et du beau sous leurs diverses formes, vous vous élèverez au dessus de vos semblables, et votre nom sera profondément gravé dans la mémoire des hommes.

La Mémoire

La mémoire est un tableau de toutes les impressions que l'esprit a recueillies depuis qu'il est en possession de ses moyens terrestres; ce sont les images superposées ou accumulées chacunes à leur place, selon leur degré d'importance, de tous les évènements qui l'ont impressionné et dont l'influence pour une cause quelconque, est venué se répercuter sur lui.

C'est une sorte d'athmosphère fluidique environnant la personne et qui se rapporte aux impressions qu'elle a ressenties depuis sa naissance, auxquelles vient s'ajouter quelquefois le vague sentiment des faits de ses existences antérieures. Les images de toutes les impressions qui ont exercé leur pouvoir sur son imagination se trouvent reproduites dans cette athmosphère ambiante et il suffit de l'influence occasionnelle ou motivée d'un fluide quelconque pour faire vibrer une de ces images ou une impression fixée dans le périmètre de cet amalgame spirituel.

Divers auteurs comparent à l'écorce d'un arbre les matériaux qui composent cette influence fluidique, parce que les impressions qui s'y trouvent y sont superposées, mais les plus anciennes sont par dessus, se trouvant repoussées par les plus récentes, celles-ci venant se juxtaposer sous leurs devancières.

Le domaine de la mémoire est incalculable, si l'on considère qu'elle embrasse non seulement les faits pouvant se rapporter à plusieurs générations, puisqu'il suffit de lire l'histoire pour conserver leur ensemble dans la pensée, mais encore les faits et notions de toute espèce attrayants et indispensables à retenir dans tous les domaines, et spécialement dans celui de l'intelligence.

Mais l'analyse de cette faculté est encore plus surprenante au point de vue géographique et de la description des lieux, puisqu'elle permet de voir se dérouler dans votre imagination l'image exacte des contrées que vous avez visitées pour si éloignées qu'elles soient, la configuration des terrains et celà à travers l'immensité des mers, dans l'un ou dans l'autre hémisphère, peu importe.

La mémoire sert de pilier dans le présent à tout ce qui regarde une existence humaine mais sert encore à assembler autour d'un être par des groupements d'idées que nous ne pouvons ni peser, ni analyser, tout ce qui peut l'intéresser dans le passé. Et ce groupement s'opère à travers les espaces sans qu'il existe le moindre mélange ni la moindre opposition des idées particulières à chacun de nous.

En vertu de quel mystère de sensibilité et de rapidité notre esprit se trouve t-il impressionné aussi souvent que dans notre imagination vient apparaître un sujet de préoccupation ou que lui-même se trouve porté vers des recherches quelconques?

En vertu de l'intervention des entités spirituelles et des fluides divers rayonnant à travers les espaces dont le rôle est encore imparfaitement connu et défini et dont le pouvoir s'effectue malgré les distances les plus considérables en raison de l'amalgame fluidique se produisant entre eux et le sujet d'une façon perpétuelle et permanente; et ce pouvoir s'effectue de près comme de loin en vertu de la sympathie ou de l'antipathie fluidiques régnant entre tous les êtres. Car une entité possède elle-même le degré de sensibilité et de volonté nécessaires pour se manifester et mettre en œuvre cet amalgame qui donne lieu à l'évocation des choses pouvant nous intéresser.

Voilà donc la mémoire, et c'est ainsi que rationnellement on peut exposer l'ensemble de cette faculté.

Les idées amassées existant dans cet ensemble constituent un bagage moral qui exerce une influence prépondérante sur les tendances de chacun.

Effectivement si quelqu'un étudie les belles lettres, il sera en vertu de la mémoire, en contact moral et permanent avec les esprits dont la tendance est dirigée vers les travaux de l'intelligence et ceci en vertu de l'influence magnétique qui s'exerce d'une façon réciproque entre tous les êtres vivants. Et ces derniers. en raison de leur expérience et de leur savoir, donneront l'inspiration à cette personne et lui feront partager leurs idées et leur manière de voir.

On voit donc que la mémoire est la clef de voute des inclinations diverses que chacun de nous possède en ce monde.

Certains se plaignent du manque de mémoire. La faiblesse de cette faculté résulte de leur incapacité à discerner quelle est l'inspiration la plus favorable à l'émission de leurs sentiments. Et ces diverses idées se combattent, exercent une lutte, il s'en suit que le sujet, en raison de cette divergence d'opinions, n'obtient dans sa réflexion aucune notion ni pour, ni contre, pouvant étayer son raisonnement, ni parfois aucun trait spécial pouvant le diriger.

Il faut donc, si vous voulez cultiver votre mémoire et en retirer le meilleur profit possible, ne pas vous laisser influencer par les idées diverses qui viennent vous visiter, c'est-à-dire ne pas avoir de distraction et penser fortement au sujet que vous traitez, à l'exclusion de tout autre, faire en sorte de choisir la bonne inspiration. c'est-à-dire celle représentant l'idée du bien ou celle se rapportant le plus à votre tempérament, et écarter toutes les autres, ou tout au moins ne pas se laisser influencer par ces dernières.

Et quand vous reprenez votre ouvrage, ayez recours à la même inspiration qui vous a favorisé de son influence.

Il existe un moyen d'améliorer sa mémoire. Celui qui possède des notions sur un sujet quelconque et qui arrive difficilement à coordonner ses idées, doit mettre de côté toute préoccupation, c'est-à-dire toute distraction, abstraction faite du sujet qu'il traite, et penser longuement à son sujet. Il doit de plus, faire des exercices de temps à autre sur les questions qui l'intéressent et ne pas se laisser circonvenir par des idées inopportunes.

Voici ce qui en résultera. Au bout d'une certaine période, les idées viendront claires et lumineuses, et vous aurez entière satisfaction du résultat obtenu.

Un autre moyen pratique de rafraichir sa mémoire, c'est de faire dans sa pensée l'évocation des choses elles-mêmes et des ouvrages de la nature pouvant se rapporter aux impressions que vous ressentez, maisons, paysages, monuments.

Pour si lointaine que soit l'époque, vous arriverez à vous rappeler ce que vous cherchez.

L'usage de la mémoire peut être appliqué à l'amélioration des différents malaises qui affligent la créature humaine, qu'ils soient graves ou de minime importance.

Dans les circonstances malheureuses de la vie où votre corps ou votre esprit seront sous le coup d'une perturbation quelconque, pensez longuement aux personnes qui vous sont chères et au clocher de votre village. Vous vous trouverez dès lors sous le coup d'une influence magnétique bienfaisante et vous conserverez cette impression tant que votre pensée sera dirigée vers les objets de votre affection.

Haine et Sympathie

La haine est un sentiment mauvais que toute personne raisonnable doit s'abstenir d'entretenir dans son intérieur, d'abord parce qu'il est incompatible avec la dignité humaine ensuite parce qu'il peut attirer des influences magnétiques dangereuses pour celui qui les reçoit.

Ceci dit, si vous êtes en relations morales avec quelqu'un, ne vous avisez pas de mélanger à son égard deux sentiments contraires qui sont la haine et la sympathie; vous risqueriez de ressembler à Desdemone de fatidique mémoire. Deux sentiments opposés sont incompatibles avec la nature humaine, et si par malheur ils viennent s'enraciner dans l'esprit de quelqu'un, ils attireront respectivement des fluides contraires qui exerceront une lutte funeste dans l'organisme, lutte qui pourra donner naissance aux troubles nerveux les plus graves.

Ces troubles ne cesseront que lorsque LA CAUSE DU MAL AURA ÉTÉ COUPÉE DANS SA RACINE. La plupart du temps il suffira de supprimer la haine.

Par manière de réciprocité, évitez coûte que coûte d'avoir une sympathie quelconque pour celui ou celle qui nourrissent à votre égard un sentiment de haine ou d'animosité; et ne prêtez jamais l'oreille à leurs idées: vous vous exposeriez à vous mettre vis à vis d'eux en état d'infériorité morale manifeste, c'est-à-dire qu'en vertu de votre sympathie vous accepteriez bénévolement une influence diamétralement opposée à la votre.

Il faut, au contraire, combattre leurs idées avec énergie autant dans votre intérêt propre que dans celui des votres.

Quant à la sympathie existant de votre part, si votre nature n'est pas assez forte pour la détruire, faites en sorte d'amener entre vous et votre partenaire la réconciliation. La plupart du temps il sera préférable dans votre intérét personnel de procéder ainsi.

Mais s'il n'est pas possible d'arriver à ce résultat, tâchez de déraciner cette sympathie de votre intérieur et arrivez en à pratiquer à l'égard de votre partenaire la plus simple indifférence et quelquefois le mépris, sans nourrir néanmoins à son égard des idées de haine et de rancune.

Et faites en sorte de n'attirer vers vous par votre conduite et vos pensées que des influences favorables. A cette seule condition vous aurez le repos.

Réciprocité du Bien et du Mal

L'idée en vertu de laquelle on est porté à rendre le mal pour le mal, soit moralement, soit matériellement, est absolument contraire aux principes de la morale, et de plus, pleine d'écueils.

Si une personne a reçu un préjudice moral ou matériel, elle sera portée à le rendre.

Dans le sens matériel, s'il s'agit de dommages pécuniaires, le fait parait rationnel, la justice devant régner pour tous; et s'il s'agit de voies de fait, elle sera simplement justiciable des lois de son pays.

Mais dans les deux cas, elle sera exposée à se trouver en lutte avec les idées de vengeance, soit avec les fluides contraires de son adversaire.

Si votre nature fluidique est plus faible que celle de votre adversaire, vous aurez le dessous; et si elle est plus forte, vous aurez le dessus: mais dans ce cas, vous serez exposé à ce que la mauvaise influence se retourne contre vous, ce qui est la règle en pareil cas; et dans les deux sens, vous serez exposé à vous trouver sous le coup d'une mauvaise influence

Dans le premier cas, vous aurez simplement à prendre les mesures nécessaires à votre sauvegarde et à vous entourer d'influences supérieures, c'est-à-dire de fluides de compensation et de résistance, et dans le second cas également, il faudra revenir au bien coûte que coûte, si vous voulez éviter de succomber dans cette lutte, car la haine et la médisance sont des armes à deux tranchants très dangereuses qui blessent souvent, mais finissent par tuer celui qui a l'habitude de s'en servir.

Évitez donc de rendre le mal pour le mal.

Quant au principe en vertu duquel il faut rendre le bien pour le mal, il est assez complexe; voici pourquoi:

Si vous rendez le bien à quelqu'un qui vous veut du mal, vous vous placez en état d'infériorité morale vis-à-vis de lui, mais il ne faut pas hésiter quand même à procéder ainsi. Cependant il faut être assez fort pour le faire d'une façon complète, sans arrière pensée, de manière à attirer vers soi des influences supérieures qui puissent écarter les mauvaises provenant de celui qui vous veut du mal et auquel vous rendez le bien.

Considérée à un autre point de vue, cette doctrine lorqu'elle est mise en pratique d'une façon complète et évidente a pour effet d'attirer sur votre partenaire les bonnes influences magnétiques dont vous êtes entouré vous-même, de l'en faire profiter, de l'amener à des sentiments meilleurs et lui faire mettre le bien en pratique,

Dans ce dernier cas, vous participerez doublement au perfectionnement, d'abord en pratiquant le bien vous-même, ensuite en le faisant pratiquer à une personne qui jusque là était étrangère à ce sentiment.

Dans bien des cas on croira pouvoir agir ainsi; on essayera, mais on s'apercevra bientôt que l'on fait fausse route. On sera toujours à temps de changer de tactique, si l'on s'aperçoit que la bonté ainsi pratiquée est plus préjudiciable que profitable; et l'on s'en apercevra, si l'on voit que l'on a affaire à un irréductible et si l'on ne possède pas soi-même le repos d'esprit nécessaire en pareille circonstance.

Et dans ce cas, on arrivera à conclure que l'on n'est pas assez fort pour suivre cette règle; on comprendra qu'il faut être vraiment supérieur pour terrasser son adversaire par les bons sentiments; on s'abstiendra de continuer; et on arrivera à pratiquer à son égard la plus simple indifférence.

Le Doute

Le doute est une pensée contraire à celle que l'on avait précédemment sur un sujet, mais cette pensée n'est pas fixe, elle est hésitante, (flottante).

Elle provient de diverses raisons, études trop prolongées sur le même sujet, lorsqu'il est question de la croyance, et quand il s'agit de choses intéressantes, recherches opiniâtres sur ce sujet.

Pour guérir le doute, il faut l'apaisement, c'est-à-dire le repos et la tranquillité de l'âme, cesser d'entretenir en soi-même toutes préoccupations morales, et porter son esprit sur des sujets attrayants.

Le doute en matière religieuse se guérit par la foi pure et simple, sans phrases, et non par des raisonnements à perte de vue, car nul ne peut sonder les mystères de l'au delà. Il se guérit aussi par la vue d'un medium endormi, les manifestations émanant de l'au delà ayant pour effet de rendre la foi à ceux qui l'ont perdue.

Le doute existe également dans toutes les circonstances de la vie, entre parents, entre amis; c'est alors une sorte d'ombrage, une sorte de méfiance qui a pour effet de semer la désunion et la discorde au sein des familles et de la société, mais c'est le doute qui engendre la haine et la jalousie sous leurs formes les plus meurtrières : c'est un sentiment mauvais dont ceux qui sont victimes doivent chercher à se débarrasser, d'abord pour leur tranquillité propre, ensuite pour le bien général des personnes qu'ils fréquentent.

Le seul moyen de guerir le doute et de terrasser cette pensée mauvaise, c'est de lutter contre elle et d'arriver à la chasser.

A cet effet, il faut se recueillir très sérieusement, se remettre en mémoire les principes du bien qui sont dans la conscience, jeter les yeux autour de soi et voir les choses comme elles sont et non dans une athmosphère nuageuse qui parait convenir à celui qui se livre à des réflexions profondes, mais totalement incompatibles avec le bon sens des uns et des autres, car il faut comprendre que l'homme en dehors de certaines circonstances, ne doit pas s'appesantir sur des présomptions et s'exposer à perdre la tranquillité d'esprit nécessaire à son existence et à celle de ses voisins.

En suivant ce raisonnement, on arrivera à reconquérir la tranquillité d'esprit, la foi, la confiance en soi-même et le respect de son prochain.

De même que tous les sentiments inhérents à la nature humaine, le doute se jette d'une façon inopinée sur quiconque est en relations actives avec ses semblables ét sur ceux qui se livrent aux travaux de l'esprit.

Les grands hommes, les génies, en ont plus que personne, ressenti les affres et les tourments, car il n'est pas d'entreprise si périlleuse et si importante, point de travail et de recherches d'une haute portée littéraire ou scientifique qui n'aient entrainé après eux par suite de difficultés matérielles et de recherches absorbantes, la défaillance morale qui constitue le doute.

Certains ont sombré devant cette défaillance, mais d'autres ont eu l'énergie nécessaire pour la terrasser. Ils ont élevé leur esprit au dessus des compétitions et des vaines querelles auxquelles se trouvait mêlée leur personnalité, ont poursuivi leur idée avec acharnement et ont fini par triompher des sarcasmes de leur entourage. Témoin Christophe Colomb, Bernard Palissy, et tant d'autres dont le nom est inscrit au martyrologe de la science et de la vérité.

Les Arcanes. - Le Verbe.- La Calomnie.

Une arcane, c'est une arche d'un pont fluidique qui relie une planète à travers les espaces à un corps céleste quelconque.

L'alphabet hébreu se compose de 24 signes qui sont autant d'arcanes ou arches ayant donné naissance aux diverses lames du tarot, et chaque lame du tarot a la valeur représentative d'une lettre de cet alphabet, car de même que l'alphabet a servi à édifier le langage des sociétés humaines, le tarot a servi aux devins à élaborer l'inspiration qui leur était donnée pour prophétiser et catéchiser leurs semblables.

Les notes de la musique sont aussi des arcanes, parce que leur ensemble est l'expression d'un langage différent c'est vrai, de celui exprimé par la parole, mais ce langage excelle d'une façon supérieure à dépeindre les sentiments de la nature humaine et à favoriser leur émission.

Donc une lame du tarot et une lettre de l'alphabet précité sont chacune une arcane, c'est-à-dire une arche, et comme cette arche fait partie d'un tout, elle est une partie de ce tout.

Quel est ce tout?

Ce tout, c'est le Verbe, c'est-à-dire la parole vivante qui se décompose au moyen de ces 24 arcanes, soit des 24 arches de ce pont.

A quelle partie du Ciel, ce pont, c'est-à-dire l'ensemble de ces 24 arcanes joint-il notre planète?

A la partie qui lui donne non seulement le Verbe, mais encore l'expression de ce Verbe qui est l'intelligence et l'entendement.

A quoi servent l'intelligence et l'entendement qui sont symbolisés par ce Verbe?

A permettre à l'homme d'avoir conscience de sa nature divine, à discerner les inspirations qui s'agitent autour de lui, à opter pour les unes et repousser les autres.

La parole a été donnée à l'homme pour en faire un usage rationnel et pour s'en servir avec discernement. Elle est le lien qui unit les membres de toutes les Sociétés, les tient en relations suivies et leur permet de discuter les diverses situations qui les intéressent, à l'effet de prendre les décisions nécessaires au bien de chacun. Envisagée à ce point de vue, elle revêt la forme de discussion ou de conversation.

Ces dernières sont plus ou moins animées, celà dépend de la nature du sujet que l'on traite et du tempérament des personnes qui discutent. Et quelquefois elles dégénèrent en apostrophes véhémentes, cris, exclamations de toutes sortes, qui ont pour effet d'attirer les influences magnétiques des personnes ayant l'habitude de se livrer à des intempérances de langage.

Or, celui qui a l'habitude de se servir de la parole pour un mauvais usage et dont vous attirez l'influence, se trouve sous la dépendance de fluides dangereux et vous transmet simplement leur influence pernicieuse.

Il faut donc s'abstenir dans toutes les circonstances de la vie, de se livrer à des excès de langage et de proférer soit des injures, soit des blasphèmes; c'est d'abord absolument contraire à la raison et à la dignité humaine, et ensuite très dangereux pour vous et ceux qui vous entourent.

En sens inverse, si on pratique malgré les contrariétés de l'existence, un langage empreint de sagesse et de dignité, (sans tomber néanmoins dans l'excès d'un langage ampoulé et amphigourique), on attirera vers soi et vers les siens des influences d'apaisement et de modération. Mais cette façon de s'exprimer ne devra pas exclure la bonne humeur et la gaieté.

Quelques uns de ceux qui pratiquent le bien ou le pratiquent imparfaitement, et qui par excès de zèle trouvent sans cesse à redire aux faits et gestes de leur prochain, tombent sans s'en douter dans un excès d'une autre genre : c'est le travers de la médisance. Ils devraient faire en sorte d'apporter une certaine modération dans leurs jugements, car ils se mettent dans une situation équivalente à celle de ceux qui par leurs débordements de langage appellent vers eux des fluides d'agitation, et ils sont obligés naturellement, de supporter ceux qu'ils ont attirés.

Chacun vient, dira-t-on, avec son tempérament,

et cette situation ne supporte pas grand remède.

Cependant si l'on considère que la Créature humaine possède sur elle-même un empire suffisant pour se maitriser et repousser les mauvaises inspirations, on ne pourra trouver aucune excuse aux débordements de la parole, d'où qu'ils viennent et où qu'ils se produisent.

L'Incompatibilité des Caractères

Si diverses personnes habitent ensemble, il peut survenir des troubles ou malaises d'une certaine gravité occasionnés par l'antipathie réciproque des unes et des autres.

Celà provient de la différence de leur tempérament et par conséquent de leurs goûts, de leurs habitudes, de leurs divergences d'opinions et de leur manière de voir; celà dépend aussi, et ceci est capital, de la différence de sensibilité des unes et des autres, par rapport aux fluides magnétiques attirés respectivement par les divers membres de ce groupement, en vertu de leur caractère. Car il faut comprendre que les fluides cherchent toujours à exercer leur pouvoir sur quelqu'un de l'assistance et c'est en général la personne la plus impressionnable qui ressent leurs effets.

Ils peuvent être sympathiques ou antipathiques à cette personne, celà dépend du tempérament de celui qui les attire par ses idées, par ses gestes et par ses paroles.

S'ils sont sympathiques au sujet, c'est-à-dire si leur nature est conforme à celle de ce dernier, ils exercent sur lui leur influence; s'ils sont antipathiques, leur influence se porte plus loin, et quelquefois retourne vers celui qui l'avait provoquée, mais dans ce cas, ils peuvent quand même chercher à s'implanter dans le milieu qui leur convient, et c'est alors que peut s'exercer une lutte très préjudiciable à celui qui en est l'objet.

Gardez- vous donc de cohabiter avec des personnes qui vous seraient antipathiques, tenez vous éloigné de leur société, et dans leurs rapports avec elles, usez toujours de la plus grande correction et de la plus grande dignité. Vous éviterez ainsi de tomber sous le coup d'une mauvaise influence.

Le seul remède à apporter à la situation des personnes chez lesquelles existe incompatibilité de caractère, lorsque cette incompatibilité peut être la source de querelles et scènes, et par suite, de désordres graves dans l'économie, c'est l'éloignement.

On pourra chercher, en changeant ses habitudes, le genre de ses lectures et de ses occupations, ainsi que sa nourriture, à atténuer dans une certaine mesure, l'influence contraire exercée par ceux dont on partage l'habitation; on essayera de faire des concessions, c'est même le devoir de toute personne de bien, mais si l'on s'aperçoit que c'est en pure perte, il vaudra mieux ne pas insister.

La séparation a son mauvais côté, de même que toute médaille a son revers. Si vous vous séparez brusquement et sans ménagements d'une personne à laquelle vous attache une certaine affection, en un mot, si l'animosité et l'antipathie continuent de s'exercer, même à distance, vous aurez à supporter en plus des regrets amenés par cette séparation, la même mauvaise influence qu'auparavant, car les fluides se communiquent de loin comme de près, pas si forte cependant, et dans ce cas, il faudra faire en sorte d'oublier, et placer en dehors de votre attention les objets ayant appartenu à la personne dont vous êtes séparé.

Il paraît à première vue exister un inconvénient, s'il survient dans une famille une séparation motivée par l'antipathie des époux ou par tout autre raison: celui de placer les enfants dans une situation de moralité fâcheuse vis-à-vis de leurs ascendants, c'est-à-dire de les mettre dans la triste expectative de donner tort ou raison à l'un ou l'autre, et par suite, de partager leur haine et leur ressentiment.

Et l'on ne peut nier que dans le cas qui nous préoccupe, cette situation ne soit un ferment de discorde pour les uns et pour les autres et ne puisse devenir la source de troubles nerveux regrettables ou de maladies d'une certaine gravité.

Nous nous posons en conséquence, la question suivante qui nous est suggérée simplement dans un esprit d'humanité, et nous la livrons à l'examen loyal et sincère des réformateurs de tous les pays:

Savoir:

Si dans le cas de séparation des époux, il n'y aurait pas avantage à placer les enfants sous la tutelle et le contrôle de l'Etat qui leur apprendrait à ne pas avoir d'animosité contre l'un ou l'autre de leurs ascendants et à considérer la situation de leur famille d'une façon juste et rationnelle, tout autant qu'ils possèdent le jugement nécessaire pour opter entre l'un ou l'autre de leurs ascendants, et celà pour éviter la perpétration de la haine et de l'animosité qui donnent naissance dans les familles aux désordres les plus graves en matière d'affections nerveuses.

Ce raisonnement parait mettre en état d'infériorité celui des deux conjoints au profit duquel aurait été prononcée la séparation, et qui par sa moralité paraîtrait avoir des droits supérieurs à la garde des enfants.

On objectera cependant à ce conjoint, que si en raison de ses torts, son partenaire se trouve dans un état d'esprit moins avancé, on ne doit pas l'aigrir davantage par des mesures draconniennes et que la Société doit adopter une règle équitable pour se prémunir contre la diffusion de la haine et de l'animosité.

Théorie des Rêves

Le rêve est une image se présentant dans l'imagination pendant le sommeil suggérée par les influences magnétiques qui vous touchent de près ou de loin et qui exercent leur pouvoir sur vous pour une cause quelconque, soit par sympathie, soit par antipathie, soit enfin pour vous éclairer sur une situation intéressante ou vous donner un sage avertissement.

Ce phénomène spirituel appartient au domaine de la télépathie et se rattache sous une forme différente à celui des visions, hallucinations et tous autres phénomènes se produisant à l'état de veille ou de sommeil somnambulique.

Le sommeil de l'homme qui est l'abolition des forces du corps, ou si l'on préfère, le repos de la matière, est susceptible de passer par diverses phases sélon la nature du tempérament.

Dans le sommeil somnambulique. le degré du sommeil est proportionné à la sensibilité du sujet; c'est un sommeil léger dans lequel ses facultés ne sont pas abolies et sont au contraire portées à leur apogée par les fluides l'avoisinant de près ou de loin. Toute personne n'est pas apte à rentrer dans le sommeil somnambulique.

Dans le sommeil naturel au contraire. la personne se trouve complètement isolée de toute influence extérieure, il s'en suit que les fluides ont toute liberté pour exercer sur elle leur action psychologique et évoquer dans son imagination des images de toute sorte.

Divers auteurs ont cru que pendant le sommeil l'esprit quittait son enveloppe pour aller recueillir dans certaines régions spirituelles les impressions qui sont l'objet des rêves. Nous ne sommes pas de cet avis. Comment admettre en effet, cet isolement momentané de la matière? Si notre esprit pouvait se détacher de la sorte et revenir ensuite dans son enveloppe, cette enveloppe qui est le corps, perdrait pendant cette absence, toute espèce de sensibilité fluidique. Donc l'esprit ne se détache de l'enveloppe qu'à la dernière limite, c'est-à-dire à la mort, soit dit en passant.

D'autres diront qu'un rêve n'est que la répercussion mentale des évènements auxquels on a pris part précédemment; et que l'esprit recouvrant sa liberté pendant le sommeil, il se produit dans l'imagination un mélange bizarre de toutes ces images; celà peut exister, si vous êtes sous l'influence de fluides imparfaits ou peu avancés arrivant difficilement par suite de leur imperfection et de leur peu d'avancement à coordonner cès images, car il ne faut pas l'ignorer, ils influent toujours sur ces matériaux.c'est-à-dire sur la mémoire, pour suggérer les tableaux que nous voyons pendant les rêves.

Mais si les fluides qui exercent sur vous leur influence sont plus avancés, ils n'ont pas besoin de ces matériaux et suggèrent par eux-mêmes les images les plus complexes pour arriver à se faire comprendre, et il arrive souvent que ces images ont trait à des régions très éloignées du lieu où vous vous trouvez, ce qui permet de croire que les influences magnétiques s'exercent de loin comme de près et que les plus grandes distances ne peuvent empêcher leur pouvoir de se transmettre.

Doit-on prendre au pied de la lettre les scènes qui se déroulent dans les rêves? Pas toujours, parce que ces scènes ont souvent trait à des bizarreries, à des futilités inexplicables. Il ne faut pas leur donner une importance exagérée; on peut cependant y trouver des rapprochements qui méritent une certaine attention; mais il faut beaucoup de bon sens et d'intuition dans leur interprétation parce que les entités spirituelles ont l'habitude de procéder par apologues lorsqu'elles se mettent en communication avec les vivants pendant leur sommeil, et ces apologues quelquefois, comme toute image allégorique visent une question absolument étrangère à celles qu'elles représentent.

Le livre du prophète Daniel nous donne un frappant exemple de ces formes allégoriques et apologéthiques.

Chaque rêve, chaque songe apporte avec lui son impression de gaieté ou de tristesse.

Lorsqu'une personne est sujette à des cauchemars, la forme du rêve la plus pénible, qu'elle veuille bien se recueillir en elle-même, descendre au fond de sa conscience, et se demander si matériellement ou moralement elle n'a pas quitté la voie du bien, et dans ce cas, faire en sorte d' y revenir.

Les enfants sont eux-aussi, sujets aux rêves et cauchemars. Il faut, si l'on s'en aperçoit, les soustraire à toute mauvaise influence morale, ils s'en trouveront bien.

Théorie des Hallucinations

Les hallucinations dont les formes varient à l'nfini sont occasionnées chez les personnes d'un tempérament nerveux par les préoccupations de toutes sortes, exerçant sur elles leur influence, les recherches sur des sujets divers, l'alcoolisme, et enfin l'exagération de tous les sentiments qui sont l'apanage de la nature humaine.

Lorsque l'organisme, PAR SUITE DE L'EXAGÉRATION DE CES SENTIMENTS, et par suite du travail cérébral auquel il est soumis est l'objet d'un surmenage quelconque, il acquiert une sensibilité extraordinaire, et devient comme l'aiguille du baromètre qui oscille aux moindres variations de température, et quelquefois lesdites variations exagèrent cette sensibilité nerveuse, ainsi le vent. l'approche soudaine de l'orage, etc...

Mais ce ne sont pas là les causes **principales** des détraquements cérébraux chez ceux qui en sont l'objet. Les changements de température sont souvent la cause passagère de l'exagération de la sensibilité chez les sujets nerveux, mais ne produisent pas les phénomènes de l'hallucination.

On remarquera qu'aux approches des dépressions barométriques les malades sont plus agités et que les crises tendent à se produire à la condition de se trouver sous leur empire, mais il se peut qu'ils soient agités d'une façon continue, sans pour celà se livrer à des excès quelconques, et les changements de température peuvent fort bien n'avoir qu'une influence insignifiante sur leur état morbide.

Les formes de l'hallucination varient à l'infini, qu'elles s'adressent aux organes de la vue, de l'ouie ou aux sentiments moraux de la personne sujette à ces accidents.

Vous verrez passer sous vos yeux des sujets inusités sous forme d'images lumineuses, vous croirez voir des animaux ou des personnes dans une attitude dangereuse ou dans toute autre attitude, ou d'autres sujets plus scabreux ou d'une distinction d'esprit particulière.

Vous croirez entendre à votre oreille des sons de cloche ou d'instruments de musique, des voix, des conversations, des propos divers souvent terre-à-terre, quelquefois d'une certaine élévation, enfin des discussions oiseuses sur différents sujets; votre odorat sera frappé par des odeurs particulières, tantôt suaves, tantôt mauvaises.

Si vous vous trouvez à une fenêtre ou au faîte d'un édifice, vous éprouverez un sentiment irrésistible qui vous pousse à vous précipiter dans le vide; si vous vous promenez dans la rue, vous serez tenté de vous jeter sous les roues d'un véhicule quelconque.

Dans votre appartement vous changerez les objets de place sans cependant trouver celui que vous cherchez et qui se trouve auprès de vous.

Vous aurez de fréquentes absences de mémoire et chercherez en vain à vous exprimer sur les sujets les plus simples, et soudain vous parlerez d'une façon vertigineuse et quelquefois très élevée sur un sujet quelconque.

Enfin, vous serez agité par des tremblements nerveux et ressentirez des douleurs fréquentes à la tête et à l'estomac.

En vertu des considérations énoncées dans le cours de cet ouvrage, si l'on veut élucider les causes diverses de l'hallucination et déterminer les moyens curatifs à mettre en œuvre pour combattre cette calamité, il faut partir de ce principe:

De n'importe quel point du Ciel et du globe terrestre, les fluides exercent leur influence sur la créature humaine et convergent vers elle pour des raisons multiples. Il peut arriver qu'un être soit influencé par des fluides très éloignés de lui aussi bien que par ceux existant dans son entourage.

La croyance en vertu de laquelle on peut être sous l'influence des corps célestes, mérite d'être notée en passant. Cette influence peut être d'agitation aussi bien que d'apaisement selon le tempérament de la personne, provoquer l'insomnie et les rêves, être passagère et se renouveller de temps à autre.

C'est donc que les fluides qui en cette circonstance influent sur vous sont rattachés à une partie du Ciel très éloignée de la Terre et que vous êtes sous leur contrôle pour une raison qu'il est difficile de définir. Diverses personnes peuvent être dans le même cas, bien qu'étrangères les unes aux autres, ce qui indique que cette action fluidique ou magnétique peut s'exercer simultanément sur divers points d'un système planétaire.

L'influence magnétique peut venir également de n'importe quel point du globe terrestre très éloigné ou rapproché et se manifester sous les formes diverses de l'hallucination ou d'une inspiration quelconque.

Il ne faut pas confondre l'influence des corps célestes avec le fluide personnel d'un être. Le fluide personnel d'un être étant généralement attaché à cet être d'une façon irrémiscible, n'exerce qu'une action très complexe et surtout passagère sur l'organisme d'une personne se trouvant en communication avec cet être. Mais l'influence des corps célestes, de même que celle provenant des ouvrages issus de la main de l'homme et des choses de la nature en général, qui n'ont pas une personnalité bien définie, exerce une action certaine sur l'organisme; mais cette influence est impersonnelle, c'est-à-dire qu'elle représente l'idée générale inhérente à ce corps céleste, à ce monument, à cet ouvrage de la nature; tandis que le fluide d'un être représente une idée particulière conforme au tempérament de l'être auquel il est attaché.

Certains se figurent la plupart du temps être obsédés par l'influence particulière des choses et des êtres qui les entourent, lorsqu'ils le sont en réalité par l'influence générale qui se dégage des éléments et des corps célestes dont le déplacement perpétuel exerce une action indéniable sur tous les êtres vivants.

C'est en vertu de leur degré de sensibilité que tous les êtres de la Création se trouvent sous la dépendance d'influences magnétiques sur lesquelles il est superflu de s'appesantir, mais qui existent pourtant indéniables.

En effet, si dans la nuit un voyageur attardé rentre dans une habitation qu'il connait imparfaitement, pour affaires ou pour y demander l'hospitalité, il éprouvera un sentiment différent selon que la maison sera inhabitée et totalement dégarnie des objets familiers qui doivent la meubler, et selon qu'elle sera dans la [illegible]tion de toute habitation possédant tout ce qui [illegible] nécessaire à l'existence de ses habitants.

S'il marche sur une route, selon que le ciel sera serein et parsemé d'étoiles et selon que la nuit sera obscure et les éléments déchainés, il éprouvera des sentiments totalement opposés, et ces sentiments prendront naissance en lui-même, en vertu de sa nature propre qui lui inspirera soit la satisfaction, soit l'angoisse, l'anxiété et divers autres sentiments.

Si pendant l'hiver un homme se trouve couché la nuit dans une pièce voisine de l'étable où repose le bétail de la ferme, n'éprouvera-t-il pas dans cette pièce un sentiment de quiétude absolument différent de celui qu'il éprouverait s'il reposait dans un local totalement isolé des êtres vivants qui l'environnent?

C'est donc que la présence seule des objets et des êtres vivants peut exercer sur quelqu'un des sentiments diamétralement opposés et que divers sentiments prennent naissance dans l'intérieur de la créature selon qu'elle se trouve isolée ou rapprochée des choses qui l'intéressent, et qu'elle se trouve impressionnée différemment selon les circonstances, par le spectacle des éléments ou des choses de la nature.

Nul ne peut déterminer la cause des impressions qui se produisent dans les diverses circonstances de la vie et qui sont dues à la présence des personnes et des choses. Tout ce qui existe exerce une influence sur quiconque et cette influence se manifeste par les organes de la vue, de l'ouie, de l'odorat, quant aux sentiments qui ne résultent pas du fonctionnement de ces organes et qui sont difficiles à définir, ils proviennent simplement du milieu ambiant et ce milieu peut avoir une étendue incalculable, de même qu'il peut être restreint au périmètre d'une habitation.

Il ne faut donc jamais perdre de vue l'influence des personnes et des choses qui a son importance bien que s'exerçant d'une façon indirecte.

Il paraît dès le début, exister un désavantage, si l'on fait savoir aux obsédés qu'ils sont sous une influence sidérale, celui d'attirer ver eux des influences trop fortes pour eux-mêmes; c'est possible, mais il faut considérer aussi que si leur attention se trouve portée vers cette influence sidérale, elle peut amener vers eux une influence d'apaisement, ce qui est autre chose qu'une influence difficile à supporter, et dans tous les cas, celà peut détourner leur attention de leurs préoccupations obsédantes et quelquefois de leur haine et de leur animosité envers les autres. Celà peut ensuite leur donner l'idée de sphères meilleures que la Terre, et en définitive, c'est le commencement de la croyance, et la croyance, c'est l'acheminement vers le bien.

De même que les perturbations athmosphériques, il faut noter les catastrophes terrestses et maritimes, les tremblements de terre, éruptions volcaniques et tous autres phénomènes d'une répercussion considérable qui peuvent exercer une influence d'agitation sur les sujets nerveux en raison du déplacement des fluides qu'ils occasionnent.

Celà provient de ce que les fluides amassés sur une certaine partie du globe ont une tendance à se disperser dans toutes les directions, c'est ce qui arrive lorsque pour une raison quelconque la nature reprend ses droits et remet à sa place chacune des parties qui avaient été distraites de leur destination primitive par la main de l'homme.

Il faut tenir compte également de l'influence des larves ou esprits incomplètement dématérialisés, esprits élémentaires ou élémentals des théosophes, qui se jettent où ils peuvent, et en raison de leur imperfection exercent des ravages sur l'organisme humain. Ce sont en général les fluides des petits animaux ainsi que ceux séjournant à fleur de terre et au sein des impuretés de la matière, ainsi que ceux provenant de certaines plantes et de la végétation.

Si l'on envisage attentivement le rôle de ces fluides, il faut s'appuyer sur cette parole qui aura toujours sa vérité: «Mens sana in corpore sano». Les larves apportent de la perturbation dans l'organisme de quiconque entre en contact avec elles, car leur fluide, selon la loi de sympathie qui régit l'union de tous les fluides, se jette où il peut, et quiconque le reçoit est obligé de le digérer, s'il n'est pas assez fort pour le repousser.

Les grands esprits qui nous ont précédé, Manou, Moïse, Jésus, Mahomet et tant d'autres dans cette pléiade de croyants et de savants qui ont tout sacrifié pour le perfectionnement de leurs frères, ont tenu compte de ces influences dangereuses dans l'édification de leur doctrine. Quiconque veut bien se donner la peine d'approfondir leurs idées comprend que les purifications prescrites de tout temps avaient été instituées pour débarrasser l'homme de toutes les impuretés qui l'environnent.

Les plus exposés à ressentir les effets de ces influences pernicieuses sont les travailleurs des champs et des villes, soit que les premiers aient à fouiller dans les profondeurs de la terre, soit que les seconds travaillent dans les sous-sols, dans les égouts, et partout où sont accumulés les miasmes délétères, les déjections, les détritus et les déchets organiques de toutes sortes. La condition principale de la sauvegarde pour ceux-là, ainsi que la suppression de toutes chances d'intoxication sera toujours dans la diffusion à outrance de l'hygiène et de la règlementation rationnelle du travail. C'est à ce prix seulement que l'homme sortira sain et sauf de la lutte engagée sur la planète entre lui et les êtres inférieurs de la création.

Si donc par l'hygiène on arrive à atténuer l'intoxication qui guette les travailleurs de toute espèce, cette intoxication qui ne se compose en définitive, que de l'amoncellement des mauvais fluides émanant de la matière. ne mettra plus l'organisme en état d'infériorité; il sera plus réfractaire à la maladie autant pour le mental que pour le corporel, car le mental et le corporel sont intimément liés et solidaires l'un de l'autre.

Quelle est la principale cause d'affaissement pour le mental qui régit dans leur ensemble toutes les facultés du corporel? La fatigue et l'empoisonnement dont est l'objet le corporel lui-même, la nécessité pour le corporel de remédier à son délabrement par des stimulants factices et quelquefois trop énergiques; de là l'alcoolisme. Ce dernier, lorsqu'il est établi, met l'homme au niveau le plus inférieur de la création et amène tout simplement le détraquement cérébral. En effet, de la surexitation nerveuse provoquée par l'abus des liqueurs fortes, résulte le déchainement des passions humaines les plus dangereuses, l'envie, la haine et la colère.

Chacun doit faire en sorte de soustraire son corps

par l'hygiène à ces influences pernicieuses et il conservera la force nécessaire pour résister à l'influence de fluides plus puissants qui en certaines circonstances de la vie pourraient se jeter sur lui.

Il est aussi un point, d'une importance capitale touchant cette question, qui concerne les mesures à mettre en œuvre pour empêcher la diffusion des troubles nerveux chez les adolescents.

Indépendamment de ce qui a été envisagé dans leurs rapports avec la famille, il faut considérer qu'en toute autre circonstance il est du devoir de quiconque, de les soustraire à toute influence dangereuse soit morale, soit matérielle, et à cet effet, les changer d'air ou les envoyer à la campagne et veiller à leur nourriture qui devra être essentiellement végétarienne.

Quant à ceux émanant du prolétariat, qui seraient dans des conditions défavorables de moralité et de développement physique, il est à désirer que l'Etat prenne en ses mains leur intérêt propre et que des mesures sérieuses soient édictées pour les soustraire aux agglomérations des grandes villes, d'abord par une réglementation sérieuse de l'apprentissage, ensuite en les plaçant à ses frais dans des colonies agricoles où des établissements spéciaux affectés à cet usage.

Les phénomènes de l'hallucination proviennent donc de ces diverses causes et aussi de l'influence magnétique des personnes que vous connaissez, que vous fréquentez, et de celles auxquelles vous pensez trop fréquemment, et cette influence est attirée vers vous en vertu des raisons énoncées au commencement de ce chapitre.

Il est aussi une question de tempérament, et ceci est capital quant à la nature de ces influences.

Si un malade en vertu de son tempérament attire des influences dangereuses ou de mauvais fluides, ou simplement des influences d'agitation, il en ressentira les mauvais effets. Si au contraire il attire de bonnes influences, soit de bons fluides, ou simplement une influence d'apaisement, son état nerveux en sera influencé d'une façon différente et les manifestations qui sont désignées en général sous le nom d'hallucinations seront de nature contraire.

Il faut bien comprendre la différence existant entre les visions et hallucinations des uns et des autres. Ces phénomènes sont du même genre, mais chez les uns, ils sont occasionnés par les bons fluides et les supérieurs qui dirigent leurs manifestations vers les natures supérieures, et chez les autres ils sont produits par les fluides imparfaits attirés vers les natures imparfaites conformes à leur tempérament.

Comment les fluides exercent-ils leur influence sur l'ensemble des facultés du sujet? Tout simplement en vertu de leur pouvoir qui consiste dans l'exagération des sentiments divers existant en lui-même, et dans des suggestions diverses. (Voir chap. Imagination.)

Et quels sont les remèdes à apporter à la situation

des nerveux? Ils sont nombreux et en général très efficaces. Ceux qui exercent la mission supérieure de soigner leurs semblables les connaissent, mais il en existe que l'on ne saurait trop mettre en évidence.

1. -Ne pas entretenir en soi de sentiments mauvais.

2.- Fuir les foyers d'agitation, les multitudes et les personnes antipathiques.

3.- Apporter de la modération dans ses actes, dans ses paroles et dans ses pensées

4.-Avoir la volonté absolue de faire ce qui précède.

On ne devra pas se livrer à des plaintes exagérées au sujet des maux dont on souffre. En parler le moins possible aux personnes de son entourage pour la raison bien simple que la généralité des personnes étant totalement incrédule au sujet des manifestations se produisant dans l'hallucination, ne manquent pas de traiter le malade de visionnaire et de se moquer de lui. Cependant des manifestations sont réelles, mais il vaut mieux ne pas en parler, car les moqueries et l'incrédulité de son entourage ont souvent pour effet d'irriter le malade et le faire mettre hors de lui-même.

La guérison de la folie et des maladies nerveuses qui sont la résultante d'un excès de sensibilité appartient à quiconque est en situation de déterminer la nature du mal et les moyens à employer pour sa disparition.

Dans bien des cas, le malade aura besoin d'être conseillé, guidé par une personne loyale et sincère, mais il sera toujours l'artisan de sa propre guérison.

Et à cet effet, il n'aura qu'à se remémorer les préceptes du bien, les mettre en pratique selon sa capacité intellectuelle, et surtout ne pas mélanger dans son intelligence et dans ses actes, le bien et le mal Enfin, ne pas amonceler autour de lui la haine des uns et des autres. Et quand il aura pris une décision sur le chemin à prendre, ne pas s'arrêter et aller jusqu'au bout. (Voir chap. Volonté.)

Mais il est des cas où l'indifférence la plus complète et le repos de l'esprit sont cent fois préférables à la lutte des idées. Et en général, si quelqu'un se trouve agité par des opinions contraires, il vaudra mieux qu'il mette de côté toute animosité pour les unes et les autres de ses idées et qu'il cherche dans des préoccupations anodines une variante à ses préoccupations.

La médecine fera le reste.

Quant aux faibles, il faut les laisser à eux-mêmes; ne pas les contrarier; ce sont de grands enfants déshérités par la nature; il vaut mieux qu'ils soient à charge aux leurs et à la Société que de donner à leurs semblables le spectacle de la pire déchéance morale exagérée par les mauvais traitements et les moqueries de leur entourage.

Ils ne sont pas assez avancés et ne possédent pas l'énergie et la volonté nécessaires pour surmonter leur mal. Cependant ils ont la notion entière de ce qu'ils éprouvent et on peut essayer quand même, tout en les préservant de la malveillance, de développer chez eux la force latente de volonté, tout en les dirigeant vers le bien, et de leur appliquer les suggestions diverses qui sont en usage en pareille circonstance.

Ils s'en trouveront bien.

Lumière Spirituelle

L'éther ou lumière astrale est une substance qui se compose de divers éléments impondérables invisible à l'œil de l'homme, mais visible pour les initiés au sommeil somnambulique ou aux pratiques de l'extase. Elle est d'une couleur dorée clair et irisée; c'est à cette lumière que les visionnaires voient les tableaux se déroulant dans leurs hallucinations; c'est simplement celle de régions autres que la Terre.

Est-elle la lumière spirituelle? Nous ne le croyons pas. La lumière spirituelle est celle que nul de nous ne peut pressentir que d'une façon imparfaite en dehors de la perfection spirituelle. C'est celle qui sert à l'esprit à se diriger quand il a recouvré sa liberté et qui n'a aucun rapport avec la lumière matérielle du Soleil ni avec la lumière astrale.

Au moyen de la lumière spirituelle, l'esprit se dirige avec la rectitude qui caractérise son influence, sans tatonnement et sans hésitation; c'est pour ainsi dire l'étincelle qui le rattache à la divinité et qui le pousse à porter son influence vers les milieux sympathiques à sa nature et à son tempérament.

C'est le degré de pureté de cette étincelle qui lui permet de s'élever au dessus de la Terre vers les régions éthérées les plus élevées et que les anciens appelaient demeures éthérées. Plus il est pur, plus il s'élève, mais il revient toujours vers les régions planétaires aussi souvent qu'il s'y trouve appelé par l'expression d'un sentiment quelconque pour y porter son influence respective et il y revient avec la rapidité de la pensée.

Comment prend naissance l'expression de ce sentiment?

Il se développe dans l'influence personnelle de la créature humaine qui est animée d'une parcelle de l'étincelle divine et cette parcelle se trouve dans son esprit, ce dernier possédant lui-même la lumière spirituelle, mais sous une autre forme, et chez lui, c'est la simple notion du sentiment qui lui est propre. C'est la loi en vertu de laquelle il a la faculté de discerner le bien et le mal, de peser, de juger ses actions propres et celles de ses semblables, selon la circonstance.

Cette lumière est souvent imparfaite, soit que l'être ne veuille pas comprendre la lutte qui se passe dans son intérieur, soit que poussé par un sentiment quelconque d'intérêt particulier, il étouffe de propos délibéré les cris de sa conscience et passe outre à l'accomplissement de ses actions; soit enfin que sa conscience le pousse en dehors du droit chemin.

Dans ce cas, l'être est imparfait, et son imperfection consiste à ne pas voir les choses sous le même aspect que la société dont il fait partie et à ne pas suivre les règles de cette société.

Chez celui-là la lumière spirituelle se développe en vertu d'abord du perfectionnement général et de la civilisation qui met sous ses yeux l'exemple des vertus civiques et lui indique la marche à suivre dans l'existence conformément aux lois du bien et de la raison. C'est à lui d'en profiter.

Mais celui chez lequel se trouve entièrement développée la lumière spirituelle, possède cette faculté dans sa perfection avant de prendre possession de la forme humaine ; il l'apporte en naissant.

C'est le reflet de son influence fluidique dans d'autres existences qui lui donne cette perfection dans sa lumière spirituelle. Celà provient de ce qu'il vient de loin et a déjà, sous différentes formes, participé aux évènements de la planète à laquelle le rattache son influence primitive, et peut-être à ceux qui se sont déroulés sous diverses époques dans d'autres régions.

Voilà la lumière spirituelle.

Les Vocations

Il est une croyance répandue que les fils de patrons sont experts dans le métier de leur père. C'est la vérité pour plusieurs raisons.

En vertu de la loi de l'atavisme, le fils procède des ascendants; il n'est donc pas étonnant qu'il apporte des facultés similaires à celles du père, ayant été appelé dans le milieu paternel en vertu de ses aptitudes et de ses goûts particuliers, lorsqu'à l'état d'entité spirituelle il parcourait les divers systèmes planétaires qui peuplent le Ciel, à la recherche d'un milieu favorable à son évolution.

Lorsqu'en dehors du travail du père ou de la mère, l'enfant manifeste des préférences pour une profession quelconque, faites en sorte de ne pas contrarier ses désirs, parce qu'il se trouve poussé dans une voie qui paraît lui convenir, et appliquez-vous au contraire à aplanir les difficultés qui pourraient survenir dans l'exécution de ses projets, et celà dans les limites de la raison et de vos moyens.

Lorsqu'il nait quelqu'un dans une famille, nul ne sait quelle sera sa destinée, et l'on ne doit pas, par convenance personnelle, influencer outre mesure les jeunes gens.

On risque d'en faire des sujets médiocres, tandis qu'en s'imposant des sacrifices quand l'enfant le mérite, on risque pour plus tard, de recueillir les fruits de ces sacrifices.

Les Epidémies

On appelle épidémies la diffusion portée à l'exagération de certaines maladies qui à diverses époques ont affligé l'humanité et quelquefois les espèces animales.

Où faut-il rechercher la cause de ces fléaux qui marquent d'une note sinistre les pages de l'histoire, des temps reculés jusqu'à nos jours ?

Au premier abord, il faut comprendre ceci: toute chose n'arrive pas sans cause et qu'on attribue les épidémies aux variations de la température, aux dépressions athmosphériques, aux vapeurs pestilentielles se dégageant de la matière à certaines époques, c'est une raison; le point capital, c'est qu'elles sont LA PROPAGATION D'UN GERME EMPOISONNÉ DE NATURE FLUIDIQUE TRANSMIS A UNE ESPÈCE QUELCONQUE INCAPABLE DE LE SUPPORTER.

D'où vient ce germe? Apparemment des émanations de la Terre surchauffée par le Soleil, émanations résultant de la désagrégation des matières putrides renfermées dans son sein, de l'eau viciée au contact de ces germes morbides et contenant elle même ces germes en suspension, enfin de l'air vicié et contaminé par ces émanations ou les charriant lui-même.

Mais il est un fait incontestable, c'est que chaque

épidémie porte en elle-même son caractère particulier pour ainsi dire et qu'elle arrive dans des circonstances spéciales que l'on doit se contenter de noter, mais que nul ne peut déterminer, ni juger, ni peser.

La cause des épidémies? Elle est assez incertaine; qu'il nous suffise de remarquer qu'elles sont arrivées en général à des époques assez critiques de l'histoire, au lendemain de bouleversements entre les peuples, à la suite de luttes fratricides et quelquefois au sein de nations agitées par des querelles et des luttes intestines, soit politiques, soit religieuses.

Faut-il chercher dans cette opinion une haute leçon de morale et d'acheminement vers le bien? C'est possib'e.

Certains feront ressortir que le développement des épidémies s'est toujours trouvé favorisé par le défaut de moyens prophylactiques et d'hygiène et qu'elles ont trouvé pour leur développement un foyer d'infection tout préparé; c'est encore possible.

Quoi qu'il en soit, il existait un terrain fertile pour leur éclosion dans l'organisme des personnes sur lesquelles elles venaient s'abattre, parce que ces personnes en vertu des luttes morales et matérielles énoncées plus haut étaient prédisposées à les recevoir.

Une remarque digne d'intérêt. Lorsqu'un fléau de ce genre est venu frapper l'humanité, les natures supérieures ont été indemnes la plupart du temps. Qu'entend-on dans l'espèce par natures supérieures? Non seulement celles qui ont la tendance à se diriger vers le bien, mais encore celles qui en vertu de leur naturel sont absolument détachées de toute espèce de préjugés et ne se laissent pas frapper par la crainte du danger, ni par la contagion de cette crainte.

Et soit dit en passant, la peur est encore plus dangereuse que l'épidémie elle-même, envisagée dans sa nature propre, par suite de l'affaissement résultant de l'exagération de la sensibilité, témoin cette réponse que dans une légende orientale, l'Ange du Seigneur faisait à son maître:

«Je viens te rendre compte de la mission que tu m'as donnée au sujet de l'épidémie qui décime les habitants du globe terrestre. Le fléau a terrassé 20,000 personnes et la peur en a tué 100,000. »

L'effet des épidémies a toujours été d'apporter une diversion à l'agitation morale des peuples qui ont eu à les supporter et de les ramener vers le bien en les poussant à implorer la miséricorde divine, soit par des prières publiques, soit par tout autre moyen. Egalement de faire avancer à grands pas les progrès de la science en matière médicale, les savants ayant eu de tout temps la mission élevée de mettre en opposition les forces de la nature, en neutralisant les influences pernicieuses de la matière au profit des bonnes.

A quel point de vue, pour conclure, faut-il envisager les épidémies?

Tout simplement au point de vue de la maladie elle-même prise isolément, dans sa nature particulière. Mais il faut tenir compte de la contagion qui s'exerce de plusieurs façons sur les personnes, et la principale s'exerce sur le mental.

Elevez votre moral. Prenez l'habitude d'envisager le bien et suivre ses lois dans la mesure de votre tempérament, sans néanmoins apporter de l'exagération dans votre façon de faire.

Ayez du courage, et vous attirerez vers vous de bonnes influences qui vous mettront à l'abri de toute indisposition. Quant aux soins du corps, ne les négligez pas; faites ce qui doit être fait, chacun ayant charge morale de son enveloppe matérielle.

Les insouciants sont en général à l'abri parce que l'insouciance est voisine de la philosophie; dans leur tempérament n'existe pas de sentiments mauvais.

DEUXIÈME PARTIE

Magnétisme Personnel

Fonctions Naturelles

Les fonctions naturelles de l'homme sont celles en vertu desquelles il est appelé à profiter de l'existence ainsi que tous les êtres; c'est à lui de les régir et d'en tirer le meilleur parti possible, s'il veut arriver à la longévité qui est la règle pour toute existence matérielle. Ces fonctions sont les suivantes : l'alimentation, le sommeil et l'amour.

Comment faut-il en règlementer l'emploi? Celà dépend de la façon de voir et des inclinations de chacun; la meilleure règle, c'est de ne pas en faire un abus, car toute exagération est préjudiciable à l'homme et porte avec elle les désordres les plus graves.

Où trouver la source de toutes les indispositions légères ou d'une certaine gravité qui sont les préliminaires de la maladie et de la déchéance matérielle? Dans l'abus irraisonné que l'homme fait de ses fonctions et dans l'emploi peu judicieux qu'il leur donne. L'organisme en vertu de sa contexture, doit fonctionner pendant longtemps sans à coups. Lorsqu'après certains excès, les organes principaux qui en régissent l'ensemble se trouvent faussés, contusionnés, tuméfiés, la marche de cet ensemble perd de sa régularité, c'est dans ce cas qu'il faut attaquer le mal dans sa racine et tâcher de rendre aux organes affaiblis leur vitalité première. C'est ce que le magnétisme peut faire par la transfusion d'un être à un autre des forces ecténiques ou fluidiques qui régissent la marche de la machine humaine.

Le magnétisme est le résultat d'une intervention étrangère ayant pour but de changer le cours de la sensibilité nerveuse sur un sujet, lorsque cette sensibilité contribue à l'exagération de ses souffrances: cette intervention a pour effet de produire un état contraire devant amener la résistance nécessaire pour surmonter la maladie, c'est-à-dire de transformer une idée d'affaissement en des idées d'énergie et de confiance, ces dernières ayant pour effet de changer le sens de la sensibilité.

Il est dit que les sentiments de joie et de souffrance se trouvent portés à l'apogée en vertu d'une idée première et de la tendance donnée à cette idée. Si donc vous changez le cours de cette tendance et remplacez l'idée d'affaissement par celle d'énergie, vous changez le cours des manifestations résultant d'une forme dolosive chez un malade.

Le magnétisme personnel peut être d'une grande utilité si l'on sait se servir soi-même des diverses influences environnantes, les attirer vers soi, et en tirer le meilleur possible; il peut remplacer dans la majorité des cas toute intervention étrangère, mais l'emploi de ce modus faciendi est réservé aux personnes d'un caractère assez élevé pour avoir conscience de la force qu'elles possèdent en elles-mêmes. Quant aux autres, les faibles, ils devront avoir recours aux soins éclairés d'un bon praticien et surtout n'accorder leur confiance qu'à une personne d'un caractère bon et serviable et d'une honorabilité au dessus de tout soupçon. En procédant ainsi, ils auront neuf fois sur dix, chance de réussite, car il ne faut pas se dissimuler que le magnétisme est simplement la transmission d'une force fluidique qui peut vous être contraire, si elle émane d'une personne n'ayant aucun droit à votre sympathie; et agissant ainsi, vous éviterez les pires mécomptes.

Nous ne passerons pas en revue les procédés employés par les praticiens, laissant à ces derniers toute latitude dans l'emploi de leurs facultés, car il faut laisser à chacun la libre initiative de faire ce qu'il peut et ce qu'il doit, sans lui imposer des règles qui pourraient parfois heurter ses convenances et contrarier ses malades. Nous étudierons simplement les différents procédés du magnétisme personnel et de la sujettion en usage de temps immémorial, revus et augmentés par notre propre expérience. Le lecteur en prendra ce qu'il voudra; qu'il soit persuadé, cependant, que ces quelques pages n'ont été écrites que dans son intérêt, à l'exclusion de toute idée préconçue et pouvant porter atteinte aux théories établies en matière de prophilactique magnétique.

Il est bon de signaler en passant la tendance du corps médical d'aujourd'hui à approfondir et utiliser la question prépondérante du magnétisme et de la sujettion dans le traitement des maladies, et de faire remarquer qu'à l'encontre des opinions du passé, cette tendance est pleinement justifiée.

Si on envisage tous les maux qui accablent la nature humaine et principalement les troubles nerveux, il faut partir de cet adage bien connu des anciens et qui ne perdra jamais son caractère de vérité: «Mens sana in corpore sano», ce qui veut dire: «Pour que votre corps soit à l'abri de toutes les infirmités, il faut que votre esprit soit suffisamment avancé pour défier ces infirmités.»

D'où proviennent les perturbations dans l'état physiologique de chacun? Des impuretés du sang, diront les uns, de plusieurs raisons, diront les autres, des intempéries, du froid, de la chaleur, et quelquefois des sentiments qui nous sont propres, et de l'hérédité. En réalité les troubles de toute espèce proviennent de l'amalgame qui se produit en nous des fluides attirés par notre tempérament, d'où qu'ils viennent, des personnes, des animaux et des choses.

Le système nerveux se compose d'un amas de cordons qui ont pour effet de donner de l'élasticité à toute entreprise lorsque cette dernière est conçue par le cerveau de l'homme ou provient d'une inspiration quelconque. Cet amas se trouve régi par la volonté, ou si l'on préfère, par le sentiment qui pousse l'homme à mettre à exécution ce qu'il a conçu. Il est divisé en autant de plexus que le comportent les diverses parties du corps destinées à rendre chacune à la créature les services propres à sa destination, ainsi la tête, l'estomac, les mains, l'abdomen, les parties génitales, etc.

Lorsqu'un de ces centres nerveux se trouve influencé pour une cause quelconque, occasionnelle ou autre, le plexus correspondant entre en ébullition, c'est-à-dire se met à vibrer d'une façon insolite à la manière d'un instrument de précision et la plupart du temps selon les changements de température ou les influences diverses venant s'exercer autour de lui.

Si pour une cause quelconque ces influences sont trop fortes, les vibrations atteignent leur apogée d'intensité, et si la créature ne possède pas assez de force en elle-même pour maîtriser cette explosion, la machine se détraque. Elle ne se détraque pas toujours d'une façon irrémédiable; la commotion s'exerce souvent à la façon d'un avertissement, mais comme les coups répétés d'une force invisible ébranlent à la longue les constitutions les plus robustes, si ces manifestations se renouvellent avec trop de fréquence, le sujet est destiné à succomber dans la lutte qui s'exerce autour de sa personne et à sombrer lamentablement, toutes les fois qu'il n'est pas condamné à trainer une existence misérable et digne de la pitié de ceux qui l'environnent.

Si donc on envisage les cas de troubles nerveux, il existe une règle fondamentale dont il faut bien se pénétrer; c'est que le corps humain doit être mis à l'abri de toute promiscuité dangereuse, pour ne pas avoir à supporter des courants fluidiques contraires; à l'effet d'atténuer ces troubles, il faut pratiquer l'isolement, fuir les foyers d'agitation, délaisser la société de ceux qui vous seraient antipathiques et rechercher au contraire celle des personnes ayant pour vous de l'intérêt, de la sympathie et de l'affection.

Lorsque la Société voudra comprendre que la plupart des maladies ne sont que le produit de la haine et de l'animosité des uns contre les autres, elle prendra les mesures nécessaires pour atténuer dans la mesure du possible les ferments de cette haine et de cette animosité; les supprimer en totalité, il est inutile d'y songer. Il existera toujours en vertu de l'imperfection terrestre et de la lutte pour l'existence, un principe de jalousie et de rancune; mais on pourra arriver graduellement à atténuer, sinon à détruire ce principe; en faisant disparaître les causes qui entretiennent son effervescence, dans la règlementation de la propriété, du travail et de l'ordre social.

On n'arrivera jamais à éloigner de notre planète ceux qui des profondeurs de l'infini apportent dans son sein les germes de division et de discorde, mais on arrivera progressivement à leur faire respecter les lois de la civilisation, et à leur faire comprendre les avantages de la modération autant dans leur intérêt peronnel que dans celui des autres.

Ne laissez jamais votre temps inoccupé; utilisez le par des distractions saines et réconfortantes et par le travail; tâchez de trouver un dérivatif assez puissant pour terrasser votre obsession, c'est le seul remède à apporter à votre mal. Et surtout ayez du courage et la force de volonté nécessaires pour arriver à la guérison. Souvenez-vous que la volonté est chose capitale et ayez la foi absolue dans l'amélioration de votre état nerveux.

Ne laissez pas rebuter votre patience et rappelez-vous toujours que, selon la parole du prophète, «Dieu est avec les patients et ne les abandonne pas.»

L'Influence Personnelle

L'influence personnelle consiste dans l'ensemble des facultés qui représentent la puissance morale de l'homme vis-à-vis de lui-même et vis-à-vis de ses semblables, parents, amis, supérieurs et inférieurs, même les étrangers, même ses ennemis, s'il a le malheur d'en posséder, en un mot tous ceux qui embrassent le cercle de ses relations.

Cette influence exerce ses effets sur tous ceux qu'elle atteint, mais comme elle se compose de divers éléments qui sont au plus haut point l'expression de la personnalité morale de l'homme, elle peut servir non seulement à le guider dans toutes les phases de la vie, mais encore être d'un puissant secours à celui qui trouverait un avantage à exercer une domination sur certains sentiments susceptibles de se manifester en lui, savoir: la colère, l'envie, la paresse, la crainte, la luxure, en un mot les vices inhérents à la nature humaine.

Celui qui possède assez d'énergie pour dire « Je veux», est maître de lui, c'est-à-dire qu'il ne se laissera influencer par aucune des passions qui peuvent troubler son âme. Il saura commander à ces passions, en détruire l'efficacité, en un mot les surmonter. Et dès l'instant qu'il les aura maîtrisées, il arrivera naturellement à accueillir favorablement et à pratiquer les bonnes influences qui donnent aux hommes les idées fortes et saines de bien, de justice et de charité envers leurs semblables.

Il faut comprendre ceci :

Un homme qui nourrit des idées de haine et de vengeance à l'égard des autres, se trouve dès l'instant sous l'influence magnétique de ces derniers. Or, comme en général, les idées de haine et de vengeance ne peuvent être dirigées que contre ceux ayant l'habitude de faire le mal, leur influence se trouve attirée vers celui qui entretient ces idées et se retourne contre lui.

Il en résulte donc mauvaise influence, et de là proviennent des malaises inexplicables, des idées noires, des changements d'humeur et quelquefois hélas, des attaques nerveuses de toutes sortes.

Si quelqu'un veut éviter ces influences, il faut d'abord qu'il se préoccupe de ne pas les attirer, et à cet effet qu'il cesse de nourrir à l'égard de quiconque des pensées de haine et de rancune et que par sa conduite et par ses paroles il n'attire vers lui des fluides dangereux pour lui-même.

Il doit, lorsque sa pensée se trouve dirigée d'une façon inopinée vers des personnes dont l'influence serait contraire à la sienne, chercher une variante à ses préoccupations et porter ses idées sur des sujets réconfortants pour lui-même.

Il doit en un mot, élever son âme au dessus des passions terrestres, et s'il n'est pas assez fort pour pardonner à ceux qui ont fait le mal, tout au moins NE PAS Y PENSER, et s'il a fait le mal lui-même, chercher à le réparer.

Avec de la réflexion, il comprendra qu'il est de son intérêt d'avoir des sentiments plus en rapport avec la dignité humaine, il pardonnera et nourrira des sentiments plus équitables à l'égard des autres.

De là à entretenir son esprit d'idées de bien, il n'y a qu'un pas. Et quand il aura pris l'habitude d'entretenir de bonnes idées, il attirera vers lui de bonnes influences, c'est-à-dire celles de ceux qui envisagent le bien d'une manière assez élevée pour ne pas s'abaisser aux mesquineries de la société. La présence de ces influences dissipera en lui toutes idees noires et tous malaises ayant pu provenir des premières.

L'hésitation, La Versatilité

Si dans une circonstance quelconque de la vie qui peut avoir une certaine gravité vous hésitez, il peut en résulter les conséquences les plus regrettables.

Ainsi, quand il survient un évènement pouvant mériter une détermination prompte et soudaine, examinez clairement le bon et le mauvais côté, selon votre conscience, ne demandez conseil à personne, sauf pour les cas d'affaires litigieuses, et dirigez vous du côté du bien, coûte que coûte, malgré que vous puissiez entrevoir dans cette détermination un dommage matériel pour l'avenir.

Ce dommage se réparera, soyez en certain, s'il vient à se produire, et s'il n'arrive pas, vous n'aurez pas à en supporter les conséquences et vous serez indemne de toute contrariété.

Mais si par suite de votre défaut de jugement, vous avez choisi le chemin contraire à l'honnèteté, vous aurez agi avec impéritie, car vous accumulerez autour de vous les responsabilités les plus graves. attirerez ainsi les influences du Mal, et il faudra les supporter.

Quoiqu'il en soit, évitez de tomber dans l'hésitation et de peser trop longtemps le pour et le contre, vous seriez en proie à la lutte de deux opinions contraires qui ne pouvant, ni l'une, ni l'autre, se faire jour dans votre intelligence, risqueraient d'amener par cette lutte, des troubles quelconques dans votre système nerveux.

Considérée à un autre point de vue, l'hésitation n'a jamais conduit personne à la réussite complète de ses projets; effectivement, si l'on remarque les grands faits qui se déroulent dans l'histoire de tous les pays, on se rend compte qu'ils ont été menés à exécution par des hommes d'élite incapables de la moindre hésitation.

Il en sera de même, dans tous les événements auxquels chacun de nous pourra participer. La victoire appartiendra neuf fois sur dix à celui qui aura sû prendre une prompte décision. Et si son esprit considère trop longtemps les raisons qui pourraient retarder ou contrebalancer l'exécution d'un projet quelconque, il n'entreprendra en fin de compte absolument rien et laissera le bénéfice de son idée première à d'autres personnes plus hasardeuses que lui.

L'homme est toujours victime de la versatilité de son caractère, à quelque point de vue qu'on l'envisage, travail, affections, etc. Celui qui sait cultiver une seule idée sans en démordre, viendra à bout de tout et triomphera de toutes les difficultés.

La ténacité nécessaire n'est pas donnée à tous, mais peut s'acquérir par le simple raisonnement qui consiste à ne pas écouter les diverses inspirations venant de part et d'autre et à n'écouter que celles venant de sa conscience et édictées par le bon sens et l'intérêt particulier; car les idées, lorsqu'elles sont en lutte autour de quelqu'un détruisent le but primitivement établi, et celui qui se trouve victime du défaut d'équilibre survenant dès lors dans son orientation, arrive difficilement à reconquérir cet équilibre et à se diriger vers un seul but avec la rectitude et le sang-froid nécessaires pour arriver au succès.

Il ne faut pas cependant que quelqu'un cherche en dehors de ses aptitudes et du chemin qui lui est tracé, une voie qui semble s'ouvrir devant lui et peut ne lui laisser que déboires et déceptions; il faut qu'il mette en œuvre un certain jugement dans le but qu'il poursuit, c'est la condition première à envisager. Quant à ceux qui sont doués supérieurement d'une faculté quelconque, ils doivent autant dans leur intérêt que dans celui de leurs semblables et de la Société, ne pas la négliger et diriger vers elle le but de tous leurs efforts, ne pas se laisser abattre par les défaillances et les insuccès du moment et poursuivre avec énergie l'accomplissement du but auquel ils paraissent voués. Le succès viendra toujours les récompenser de leurs efforts.

La voix, le costume, les manières, le genre d'existence.

Ces diverses choses exercent une influence prépondérante sur les évènements de l'existence et sur la santé des uns et des autres. Ainsi la voix, selon qu'elle est grave et sévère, aiguë ou flutée, impérative ou obséquieuse, attirera vers vous des influences tour à tour de pondération, de légèreté, de commandement ou de soumission.

Il faut faire en sorte, si vous désirez obtenir les meilleurs résultats possibles dans le but que vous envisagez et que vous poursuivez, de donner au timbre de votre organe vocal l'intonation appropriée aux circontances et ne pas tomber dans le ridicule en donnant à une démarche un ton impératif, et à un ordre ne supportant pas de discussion, un ton d'obséquiosité qui aurait pour effet de vous montrer aux yeux de vos semblables sous les aspects de la plus grande platitude.

Celui qui prend l'habitude d'apporter une certaine rondeur dans ses expressions, entraine à sa suite des influences qui aplaniront toutes les difficultés, supprimeront tous les atermoiements et le conduiront à l' réussite pleine et entière de ses affaires et au parfait état de sa santé. Celui qui, au contraire, a la déplorable habitude de se répandre en phrases comminatoires, regrets de toute sorte, verra échouer piteusement ses projets les uns après les autres; le découragement et l'affaissement le guettent, ainsi que la ruine et la maladie.

Le costume, la mise, l'aspect général ont une importance prépondérante sur l'orientation de quiconque sait comprendre que sans s'éloigner du genre à lui tracé par la classe à laquelle il appartient, il doit apporter une certaine dignité dans sa mise, une certaine tournure d'élégance presque. Chacun sait que savoir se présenter et produire une mise en en rapport avec sa situation, c'est le succès à peu près certain au bout d'une démarche, ainsi que le raffermissement des relations susceptibles d'étendre sur sa personnalité une influence de protection et de réconfort.

Celui qui n'apporte pas une certaine correction dans sa mise et dans le port de ses vêtements verra devant lui se fermer toutes les portes et s'écrouler les relations qui précédemment avaient été laborieusement édifiées par ses proches et par ses ascendants.

Les questions de ce genre étant ici traitées dans un simple but d'humanité et de bien-être général, le lecteur ne trouvera pas mauvais, si nous sommes dans l'obligation de le mettre en garde contre le travers de certaines personnes qui consiste à emprunter à diverses classes de la société non seulement les allures et le maintien qui leur sont propres, mais encore la coupe de la barbe et des cheveux, ainsi qu'une vague analogie dans la coupe du vêtement, et celà dans un but de convenance personnelle assez excusable en définitive, mais pouvant attirer à sa suite les conséquences les plus regrettables, par suite de l'amoncellement autour d'elles, d'influences disparates et contradictoires, ayant pour effet neuf fois sur dix, d'amener l'ébranlement de leurs facultés. Que chacun suive donc ses goûts, mais ne dépasse pas les bornes de la simplicité et de la modération.

En ce qui regarde les manières, le maintien et la façon de paraître devant ses semblables, il faut s'inspirer des mêmes règles que celles édictées pour l'expression du verbe et pour le vêtement. Apporter toujours une certaine correction dans ses gestes, dans son maintien, et ne pas donner à l'assistance l'impression de quelqu'un qui ne sait ni s'asseoir, ni rester debout, ne pas accompagner ses paroles de gestes disproportionnés pouvant évoquer dans l'esprit des auditeurs les ailes d'un moulin à vent et finalement vous mettre dans une attitude ridicule, car si parfois les contradictions des uns et des autres peuvent exercer une répercussion sur la réussite de vos affaires ou l'état de votre santé, le ridicule vous mettra dans un tel état d'infériorité vis-à-vis d'eux, que toute confiance sera perdue pour vous dans l'esprit des personnes et par conséquent tout espoir de réussite dans vos entreprises.

Quant au genre d'existence, que chacun adopte celui qui lui conviendra le mieux, en raison de son caractère et de ses convenances. Si dans le cours de sa vie il éprouve certains troubles ou certaines difficultés dont il puisse imputer la provenance à sa façon de faire, de se guider enfin, qu'il veuille bien se reporter aux chapitres suivants de notre ouvrage traitant la force intérieure et la volonté.

La Volonté

La volonté est cette faculté qui permet à chacun de nous de prendre une détermination prompte et énergique après avoir envisagé froidement le parti à prendre dans telle ou telle situation de la vie.

Il est un proverbe qui dit: «Vouloir, c'est pouvoir». C'est un peu vrai, mais dans bien des cas, c'est inexact, parce que l'homme ne possède pas une faculté de volonté assez parfaite et ne peut ou ne sait maîtriser les idées diverses qui se heurtent dans son intelligence.

Celà provient de l'imperfection de son caractère, de son hésitation, de sa tendance à peser et discuter trop longtemps les chances contraires d'une entreprise et quelquefois de l'apathie inhérente à son caractère et à son tempérament.

Si l'on veut rechercher les causes de cette imperfection morale, de cette hésitation, de cette apathie, on les trouvera dans l'analyse de son état physiologique et dans l'examen des influences diverses qui ont déteint sur lui depuis qu'il est au monde.

Et si l'homme qui se trouve sujet à cette dégénérescence veut bien se donner la peine d'examiner attentivement l'ensemble de ses facultés mentales et le fond de sa conscience, il s'apercevra bientôt qu'il est en proie à divers sentiments bons ou mauvais et quelquefois à d'autres idées incompatibles entre elles; de là une indécision permanente qui paralyse toute force de volonté et l'empêche de mettre ses projets à l'exécution.

Si malgré ses hésitations et son indécision, son esprit le porte, après mûre réflexion, à passer outre à l'accomplissement de ses desseins, il devra s'armer de l'énergie nécessaire pour repousser l'une ou l'autre de ses inspirations et n'écouter que celle qui lui paraîtrait favorable, et à cette seule condition il aura le succès. Mais il devra se dire mentalement :«Je veux», se répéter cette injonction d'une façon opiniâtre et ne jamais prêter l'oreille à l'inspiration qu'il aura chassée, faute de quoi il retombera dans ses hésitations premières, sa volonté sera paralysée et il n'aboutira à rien.

Considérée à un autre point de vue, la volonté est la clef de voûte de certains tempéraments qui possèdent à un suprême degré cette faculté, parce que ceux-là sont venus dans des conditions spéciales et ont en eux-mêmes le pouvoir de la volonté inné. Ceux là arrivent toujours au but qu'ils envisagent, soit en bien, soit en mal.

Quant à ceux qui auraient apporté avec eux un fonds d'hésitation inhérent à leur caractère, ils peuvent raffermir le principe de la volonté et se perfectionner par une sorte d'entrainement moral qui consiste à savoir mettre en balance les diverses situations de l'existence, les examiner avec rectitude et sang-froid, prendre une décision et dire ensuite «Je veux.». Ne jamais perdre de vue cet ordre impératif que l'on se donne à soi-même, et enfin ne se laisser circonvenir par personne.

De quel côté devra diriger le cours de ses idées celui qui veut entreprendre quelque chose et prendre une décision?

Un homme se trouve généralement en lutte entre deux sentiments différents qui se livrent bataille dans son intelligence, le bon et le mauvais. Il devra d'abord chercher à les séparer, et à cet effet les envisager froidement l'un après l'autre.

Si sa nature le pousse à opter pour le mauvais, il pourra certes réussir momentanément, mais à ses risques et périls, car la société se défend ; or, comme il ne saurait avoir plus de force à lui seul que l'ensemble des bonnes influences qui lutteront contre lui, il devra tôt ou tard succomber dans cette lutte funeste, car le bien triomphe toujours du mal, c'est une règle immuable contre laquelle personne ne peut rien.

De plus, il aura attiré vers lui tout le cortége des mauvaises influences qui amènent le vice, la maladie et les tares de toute sorte qui dégradent la créature humaine.

Mais s'il envisage le côté du bien, il verra qu'il a tout avantage; d'abord pour sa tranquillité personnelle, ensuite pour celle des autres, à choisir le bon chemin. Et il aura double chance de réussir, car il sera aidé dans ses entreprises non seulement par sa volonté personnelle, mais encore par les influences du bien réunies qui sont plus fortes que celles du mal et doivent à la longue rester maitresses de toute situation.

Et il se mettra à l'abri de la déchéance morale et matérielle amenée par la pratique du mal.

La volonté peut exercer son influence non seulement sur les évènements de l'existence et sur les sentiments moraux, mais encore sur l'état de la santé. Bien des indispositions seront vaincues par la force seule de la volonté chez les personnes qui, ne se laissant pas affaisser. sauront se servir de cette faculté avec efficacité et dire sincèrement quand la maladie est imminente: «Comment voulez-vous que je sois malade? Je ne puis pas l'être, je ne le suis pas.»

Celui qui se laisse aller au découragement et à l'abattement est terrassé d'avance par l'Adversaire; et l'Adversaire, c'est le Mal.

Il faut se mettre à l'abri aussi bien des indispositions passagères qui peuvent assaillir notre organisme que des perturbations morales qui pourraient survenir à suite de mauvais propos venus de part et d'autre ou de relations équivoques et dire toujours: «Sous une forme quelconque, soit au physique, soit au moral, le mal ne peut m'atteindre.»

Voilà la volonté.

Force Intérieure

Celui qui veut bien examiner dans leur ensemble les facultés mentales de l'homme se rend compte à priori qu'il possède en lui-même une énergie morale susceptible d'être utilisée avec efficacité dans les diverses circonstances de la vie et que cette énergie se trouve moins complète et moins évidente chez les autres êtres de la création.

Cette énergie est la résultante de son « pouvoir fluidique intérieur» dont les effets se manifestent par l'exagération des sentiments qui lui sont propres. Donc, si l'homme entretient un sentiment quelconque, soit en bien, soit en mal, ce sentiment se trouvera porté à son apogée par son «pouvoir fluidique»,

On sait que tous les sentiments prennent naissance à l'intérieur de la créature ou proviennent des suggestions diverses venant de l'extérieur.

Il faut donc pratiquer la plus extrême méfiance, quand votre pensée se trouve dirigée vers des personnes qui vous seraient antipathiques ou dont la société présenterait un danger irrémédiable et demeurer toujours maître de vous-même.

Au nombre des sentiments dont doit se méfier un homme, sont la colère, l'emportement, la haine et la jalousie. Les autres sont en général anodins et n'ont pas une influence capitale sur sa destinée, car l'exagération d'un sentiment étant passagère, il faut considérer que ceux du domaine de la colère et de la passion en général, peuvent amener un homme à des extrémités regrettables et irréparables, tandis que les autres, tels la paresse, la légèreté de caractère, etc... ne l'amèneront pas à des excès du genre précité et le mettront simplement en état d'infériorité vis-à-vis de ses semblables.

Dans le chapitre de la volonté nous avons fait comprendre qu'un homme peut et doit vouloir quelque chose. Il parviendra à vouloir avec efficacité en se servant de cette puissance intérieure qui est à sa disposition et fait partie en quelque sorte de lui-même et dont il peut user.

Mais s'il en mésuse, c'est-à-dire s'il ne sait pas apprécier que cette puissance peut exagérer les sentiments mauvais autant que les bons, il sera tôt ou tard victime de son ignorance et de son imprudence et succombera dans la voie du mal. Il sera dès lors sous le coup, non seulement de la justice de ses semblables, mais encore il sera l'objet de justes représailles de la part de forces éthériques supérieures à la sienne propre.

Il faut donc se persuader que chacun est maître

de soi et tient sa destinée dans sa main.

Aussi souvent que l'on se sent porté à un sentiment mauvais, il faut penser sérieusement à cette force intérieure, c'est-à-dire penser énergiquement à soi-même et à son intérêt propre; il faut lutter contre la pensée mauvaise, ou si l'on préfère, contre l'explosion des sentiments mauvais qui sèment dans les familles et dans la société la discorde, la désunion et enfin le mal sous toutes ses formes et demeurer maître de soi; et à cet effet diriger sa pensée vers l'intérieur de sa personne et ne pas en démordre.

Et toutes les fois que l'explosion de ces sentiments tente de se faire, lutter contre cette manifestation et chercher un dérivatif à cette explosion.

Celui qui veut faire le bien ou mener à bien une entreprise quelconque peut le faire également en se servant de cette force intérieure qui est le secret de toutes les réussites, un trésor inestimable si on sait le comprendre et en tirer parti, que beaucoup utilisent inconsciemment parce qu'ils sont plus avancés quant au moral que leurs semblables, mais que tout homme possède à l'état latent et qu'il peut utiliser selon ses désirs.

Les peuples, dont l'ensemble représente un groupement compact et homogène des diverses pensées de toute une nation sont généralement sous l'influence d'une idée unique qui peut représenter la molesse, l'oisiveté, la décrépitude morale et matérielle, la décadence enfin, de même qu'ils peuvent être régis par une idée prédominante qui est celle du progrès, de l'activité et des conquètes.

De même qu'un homme pris isolément, un peuple doit par ses idées et ses aspirations, faire en sorte de s'élever vers le bien et chercher dans la pratique des vertus civiques et des réformes sociales l'élèvement de sa valeur intellectuelle. Et dans ce but, il doit avoir conscience de la puissance morale existant dans un groupement de personnes, faire en sorte que tous ses membres soient en pleine communion d'idées et ne pas laisser pénétrer dans son sein les divisions mesquines et les querelles intestines.

A ce prix seulement il aura conscience de la puissance morale qu'il possède en lui-même, car les forces intellectuelles de plusieurs réunies en un faisceau, ont plus de force et de cohésion que la volonté d'un seul ou de diverses fractions opposées les unes aux autres.

Et s'il survient des évènements malheureux pour sa destinée, d'où qu'ils viennent, attaques injustes, désunion accidentelle, impéritie de ses dirigeants, il aura toujours la force nécessaire pour regarder le danger en face, le prévenir et s'en rendre maître.

L'Indifférence

L'indifférence est un sentiment qui peut être envisagé sous deux aspects opposés chez ceux qui le pratiquent par nature, par tempérament, ou bien de parti-pris et dans un but d'intérêt particulier.

On peut d'abord la considérer au point de vue des idées générales et de la lutte qu'entrainent ces idées relativement aux mœurs, à la croyance et à l'organisation du corps social. Celui qui, pour une raison quelconque, voit d'un œil froid les divers mouvements d'agitation existant autour de lui dans la répercussion de ces idées, fait preuve à priori soit d'un manque de jugement dans sa manière d'envisager les phases du perfectionnement, soit d'une grande philosophie et d'une certaine force de caractère, car il ne se laisse pas influencer par les passions déchaînées autour de lui et n'est pas exposé conséquemment. à compromettre l'état de sa santé et de sa mentalité.

Le manque de jugement peut s'expliquer chez les esprits d'un avancement assez restreint pour ne pas être frappés par les dissonnances et différences pouvant exister dans les opinions de la multitude: ceux-là doivent bénéficier de l'indulgence complète de leurs contemporains. Quant aux autres, il ne faut pas penser que malgré leur apparent sang-froid, ils se désintéressent entièrement de la chose publique.

Loin de là; s'ils demeurent renfermés en dedans d'eux-mêmes et de leur conscience, ils n'en ont pas moins une opinion très élevée sur les phases diverses du perfectionnement et sur la façon dont il faut résoudre les questions d'actualité et celles d'un intérêt palpitant pour l'ensemble de la collectivité terrestre considérée au point de vue de la pensée et de la diffusion des idées. En celà même ils donnent à ceux qui les entourent l'exemple de la rectitude et du sang-froid, et par celà même, attirent des influences de modération et de pondération ayant pour effet de rendre plus facile la discussion des questions intéressant l'ordre social.

Quant à l'indifférence chez ceux-là en matière d'idées générales, elle ne peut être motivée que par la préoccupation où ils peuvent se trouver de chercher l'apaisement nécessaire au rétablissement de leurs facultés et dans ce cas elle est d'autant plus excusable que dans la majeure partie des cas, ces facultés ont été prodiguées et gaspillées pour ainsi dire, au service de la collectivité intellectuelle ; il ne faut pas en conséquence, trouver à redire si quelqu'un cherche dans le repos et l'indifférence, une variante à l'agitation où il s'était trouvé.

L'indifférence en matière d'idées particulières, soit

celles qui regardent l'organisation propre du corps social, soit les relations personnelles, les voisins et la famille enfin, prend généralement sa source dans le tempérament des êtres, les uns et les autres étant doués de différente sorte pour fraterniser, resserrer et maintenir les liens ayant été édictés pour raffermir la société sur des bases de solidarité et de communauté d'idées.

Leur façon de voir et de se détacher des préoccupations de leur entourage ne peut s'expliquer que par une sorte d'esprit de personnalité poussé à l'exagération et à la froideur.

Leur manière d'envisager les choses ainsi que les relations particulières peut de prime abord blesser certains de leurs semblables, mais si l'on veut bien approfondir le fonds de leur caractère, on remarquera qu'il n'existe pas chez eux de sentiment d'animosité et que par conséquent loin d'attirer sur les leurs et leur entourage des fluides d'agitation, ils les font profiter d'une influence d'apaisement qui n'est pas à dédaigner et qui dans bien des cas peut servir de palliatif à certains cas d'effervescence, de troubles et de contrariétés.

Quant à ceux qui, pour des raisons quelconques, s'étaient précédemment et dans d'autres circonstances de la vie trouvés mêlés à des faits ayant attiré sur eux par suite de la répercussion des idées, une agitation nerveuse regrettable, et qui en arrivent à devenir indifférents avec ceux qui furent le sujet de ces luttes d'idées, parents, voisins, amis. ils se trouvent dans le même cas que ceux qui, après avoir donné le feu et l'effervescence de leur esprit à la chose publique, se sont placés en définitive en dehors des compétitions et de l'agitation contraires à l'équilibre de leurs facultés.

Ni les premiers, ni les seconds ne sont à blâmer.

De l'effet exercé par la pensée sur les fonctions naturelles de l'homme et sur les parties déprimées de son organisme, qu'il s'agisse des lésions occasionnées par un traumatisme quelconque ou par un évènement de l'existence, bénin ou important.

Les effets de la pensée sur l'ensemble des fonctions qui se rapportent à l'état général de l'organisme humain, autant dans les fonctions de toute sorte qui président à sa marche régulière, que sur les évènements fortuits pouvant enlever à cette marche la régularité nécessaire à l'état d'une santé irréprochable sont plus **importants** qu'on ne croit et méritent d'être l'objet d'un examen approfondi autant du côté de ceux qui ont entre leurs mains la direction du bien-être général, que de ceux qui sont intéressés. personnellement à ce que leur organisme fonctionne régulièrement, et c'est le cas du plus grand nombre.

Si l'on considère que l'homme a été établi sur des bases rationnelles ayant pour but de le placer sur un plan d'équilibre raisonnable au centre des divers fluides qui de tous les points de la Création convergent vers lui et exercent sur son organisme les influences les plus diverses et les plus contradictoires, on comprendra que la résultante de cet équilibre ne peut-être obtenue que par un coefficient de force fluidique devant être mis en opposition avec ces influences ambiantes et que cette force fluidique il la possède lui-même en vertu de sa faculté d'assimilation et de répulsion des impressions qu'il reçoit, et que de plus, il doit avoir conscience de cette force pour l'utiliser en cas de besoin.

Quel moyen a-t-il dans ce but à sa disposition?

La pensée.

Il faut envisager la pensée sous différents aspects dans la règlementation de cette force fluidique, car de cette dernière dépend le dénouement heureux ou malheureux des situations diverses qu'elle a pour effet de règlementer.

1° **La distraction**, c'est-à-dire ce sentiment qui se manifeste d'une façon différente selon le naturel des personnes chez lesquelles il règne. Chez les unes, oubli passager et involontaire de ce qui peut les intéresser, malgré qu'il existe chez celles là une certaine énergie. Chez les autres, insouciance, soit cette tendance à ne pas se frapper l'esprit en présence des évènements malencontreux et à diriger sa pensée sur des sujets attrayants. La distraction est naturelle chez ceux qui la possèdent. Les premiers comme les seconds n'ont pas à faire un grand effort pour échapper aux impressions qui pourraient exercer un contre-coup fâcheux sur leur état physiologique, mais par contre, s'il survient dans leur situation morale ou matérielle des évènements susceptibles de les faire bénéficier d'avantages quelconques, leur insouciance les empêche de se rendre maîtres de ces avantages et ils n'utilisent pas l'énergie latente qu'ils possèdent en eux-mêmes. Si l'on envisage leur situation particulière au point de vue pathologique, ils échapperont, par suite de l'insouciance qui constitue le fond de leur caractère, à beaucoup d'indispositions exerçant leurs ravages sur d'autres tempéraments, mais ils pourront être victimes de leur imprévoyance dans d'autres cas.

2° **L'appréhension**, sentiment qui va de pair avec la faiblesse de caractère et voisin de la crainte, ne devant pas cependant être confondu avec la crainte d'un danger immédiat ou la frayeur occasionnée par ce danger.

Il peut exercer une certaine dépression sur le mental de celui qui en est affecté et le rendre impuissant à diriger sa pensée sur des sujets susceptibles d'éloigner l'impression mauvaise occasionnée par la perpective d'évènements malencontreux.

L'appréhension pourra même en certaines circonstances provoquer l'apparition de symptômes morbides s'il s'agit de l'état pathologique, et en ce qui concerne tous autres évènements de la vie, l'échec à peu près certain de ceux susceptibles de lui apporter une quelconque satisfaction.

3° **Le sang-froid** et **l'énergie** qui consistent à considérer froidement l'action déprimante des sentiments venant de l'extérieur à l'effet de les maîtriser, s'ils sont susceptibles d'exercer une influence sur les évènements de la vie.

Ces sentiments divers qui sont régis par la pensée sont le coefficient des divers éléments fluidiques émanant de la personne, ces éléments ayant la propriété de vibrer au contact des fluides extérieurs, lorsque ces derniers exercent pour une raison fortuite une répercussion plus ou moins forte susceptible d'influencer leur sensibilité. Et cette répercussion peut être circonstancielle ou imaginative.

Ils exerceront leur influence non seulement sur l'état pathologique général d'un sujet, sur les évènements de son existence, mais encore sur l'état de dépression suscité par un accident, choc, traumatisme, par suite de la commotion exagérée subie par son écorce fluidique. L'impression ressentie sera d'autant plus forte que le choc aura été plus violent.

Quant aux fonctions naturelles de l'homme. si on veut bien les examiner dans leur ensemble, on constate qu'elles sont également sous le coup de ces sentiments, notament de la distraction et de l'énergie, et dans toutes les circonstances prévues, ces sentiments auront à subir une modification préalable ayant pour effet de remettre dans son état normal l'ensemble des facultés mentales et corporelles, de même que dans le cas de lésions diverses ou traumatisme, leur influence sera d'autant plus grande qu'elle sera produite par des évènements d'une valeur conditionnelle à leur répercussion et à la sensibilité du sujet d'où elles émanent.

Veut-on comprendre le degré d'importance sur chaque genre de tempérament de la combinaison ou si l'on préfère, de l'amalgame fluidique pouvant donner naissance à ces sentiments divers? Que le lecteur veuille bien se remémorer le principe en vertu duquel UN FLUIDE EXAGÈRE LA PUISSANCE D'UNE IDÉE PRÉCONÇUE, ET CELA D'APRÈS SA NATURE PROPRE QUI EST NON SEULEMENT DE RÉGLEMENTER LES DIFFÉRENTES FONCTIONS DU CORPS HUMAIN, MAIS ENCORE D'EXAGÉRER LES SENTIMENTS INNÉS, A L'EFFET DE DONNER A LA CRÉATURE LA FORCE DE METTRE A EXÉCUTION CE QU'ELLE A CONÇU.

Si donc un sentiment d'indifférence, d'appréhension ou d'énergie prend naissance à l'intérieur d'un être en vertu de sa nature propre, les diverses répercussions fluidiques qui exercent leur effet sur cet être auront pour résultat de porter à son apogée la manifestation de ce sentiment.

Mais il est un moyen prépondérant de règlementer et de diriger un sentiment à n'importe quel point de vue qu'on l'envisage. et ce moyen que chacun de nous possède, c'est celui dont nous venons d'analyser les diverses résultantes, c'est la pensée, car il est naturel que si cette dernière possède la propriété de donner naissance à des manifestations fluidiques ayant une action sur le corporel de la créature, ELLE DOIT AVOIR ÉGALEMENT LE POUVOIR DE LES FAIRE DISPARAITRE.

Par quel moyen? Par le simple raisonnement qui conduit au sang-froid et à la volonté.

Il est incontestable que ce raisonnement ne saurait viser l'énergie, puisque celui qui a la chance de la posséder se tire avec honneur des situations diverses où il peut être mêlé, mais simplement la distraction, l'hésitation et la faiblesse de caractère qui, en vertu de la loi ci-dessus, seront portées à leur apogée et provoqueront l'affaissement du sujet, si celui-ci n'y prend garde et ne détruit par la pensée les sentiments susceptibles de le mettre en état d'infériorité et ne le remplace par d'autres.

Partant de ce principe que l'angoisse et l'hésitation seront susceptibles de mettre le sujet en état d'infériorité et d'affaissement et le conduire à deux doigts de sa perte; si par son simple raisonnement il remplace ces idées par celles opposées, ces dernières, à la condition d'être entretenues, subiront la même exagération qu'avaient subi les premières et provoqueront son rétablissement ou la réussite dans ses affaires.

Sujettions par la pensée

Une pensée vient quelquefois vous visiter et amène sur vous un malaise inexplicable. Pour quelle raison? Vous avez attiré sans vous en douter, une influence fluidique contraire à votre tempérament et si vous voulez surmonter votre douleur, il faut arriver à éloigner cette pensée, tromper pour ainsi dire, l'idée qui vous préoccupe et à cet effet diriger vos réflexions vers un autre ordre d'idées.

Il existe des moyens nombreux, au nombre desquels la sujettion par la pensée, laquelle lorsqu'on en fait un usage habile et raisonné, donne d'excellents résultats.

Sujettion par la pensée ou distraction paraissent similaires à première vue. Il existe cependant une différence. La distraction s'obtient naturellement par la promenade et par les voyages, mais pour les personnes qui en raison de leur état sédentaire ne pourraient faire des déplacements de longue haleine, moyen d'une haute efficacité pour terrasser les obsessions, la sujettion par la pensée ou distraction forcée sera d'une certaine efficacité.

Celui qui la pratiquera devra en faire usage avec

la force de volonté nécessaire pour chasser un trouble moral quelconque ou des pensées contraires et pour que le trouble dont il souffre ne risque pas de s'accentuer en attirant vers lui d'autres influences aussi adverses que la première, il devra en général porter son attention sur des objets matériels à l'exclusion de toute autre chose, soit des fleurs, des arbres, les objets de tout genre pouvant exister dans son habitation, des outils, des instruments de musique, et rechercher de préférence ceux se rapportant le moins au sujet de son énervement ; et quand il aura pris l'habitude de se livrer à cet exercice, ne jamais changer d'idée et faire en sorte de FIXER SA PENSÉE SUR UN SEUL OBJET et l'y maintenir le plus longtemps possible.

La pensée est le plus puissant moyen de distraction, parce qu'au lieu d'attirer des influences contradictoires, elle les éloigne. Qui les attire? Le bruit, les cris, la discussion. Qui les désoriente? Le silence, l'apaisement et la réflexion, mais à la condition de s'exercer toujours sur un sujet étranger à la cause de l'agitation.

Si vous souffrez d'une partie quelconque du corps sous forme de douleur nerveuse, et si contre cette douleur vous avez essayé en vain les ressources de l'art médical, portez de temps à autre votre pensée sur les sports de toute espèce qui doivent contribuer à l'élèvement moral des nations civilisées, foot-ball, tennis, bicycle, et au besoin fréquentez les vélodromes et les lieux de réunions sportives; ceux qui pratiquent ces sports ne souffrent généralement pas de douleurs nerveuses et vous communiqueront leur salutaire influence.

Si vous souffrez de l'estomac, pensez à votre force intérieure, à votre pouvoir fluidique, et demandez vous si votre état nerveux n'est pas influencé par une raison quelconque de votre conduite antérieure. Faites votre examen de conscience, et si vous avez des contrariétés, chassez les en revenant à des meilleurs sentiments, et pensez à des choses gaies et moralisatrices.

Si vous souffrez, il faut, au lieu de vous laisser aller à la crainte, à des plaintes et au découragement, qui ont pour effet de rendre votre situation plus mauvaise, concentrer toute votre pensée, toute votre force morale, sur la partie affectée et faire acte de volonté pour que la souffrance disparaisse; il faut en un mot, surmonter les sentiments qui auraient pour effet de contribuer à l'affaissement de la partie malade et les remplacer par d'autres, à l'effet de lui donner des forces. Et ce résultat ne s'obtient que par la volonté.

Dans bien des cas, on n'arrivera pas de prime abord au résultat désiré, mais un exercice répété finira par amener une diminution notable de la souffrance et sa disparition.

Un bon moyen de distraction, c'est la lecture, mais il ne faut pas en abuser et tomber dans l'excès contraire, sinon l'on attirera vers soi des influences trop nombreuses et trop variées. Il ne faut pas cependant se priver totalement de ce genre de distraction, mais bien en règlementer l'emploi d'une façon raisonnable.

Si vous pouvez faire choix d'un ouvrage, un seul, ou à la rigueur de deux ou trois qui se ressemblent quant à la nature du sujet et qui, tout en étant en rapport avec votre esprit, renferment des idées saines et élevées, faites en vos compagnons d'infortune. Et dans vos diverses lectures, gardez-vous de vous appesantir sur les passages émouvants et passionnels: votre moral s'en trouvera bien.

Quant aux journaux, n'en lisez qu'un seul, dévoué à votre cause et à vos idées, et lisez de préférence à la même heure.

Sujettions par la parole et par l'écriture

Les sujettions verbales consistent dans l'emploi d'une phrase à répéter automatiquement du bout des lèvres, s'il se produit une perturbation dans l'organisme et principalement dans le système nerveux, Exemple: «Les douleurs sont des folles, et qui les écoute est encore plus fou!»

Divers auteurs préconisent l'emploi de ces sujettions pour toute sorte de cas; nous ne sommes pas de cet avis, et nous pensons qu'il faut les réserver pour les douleurs morales et les souffrances intérieures. D'ailleurs en les spécialisant pour ce genre de malaises, on évitera des indispositions plus graves. — L'on sait en effet, que le mental régit l'ensemble des facultés corporelles; n'attendez donc pas que ce dernier soit déprimé et laisse s'interrompre la marche des fonctions générales de votre organisme et vous éviterez la plupart du temps les indispositions qui résultent d'un fâcheux état d'esprit, et celles là sont nombreuses.

S'il survient en dehors de votre état mental des indispositions corporelles, vous aurez à y remédier par les moyens appropriés, eau magnétisée, insufflations. imposition des mains, et vous aurez toujours le loisir de recourir aux soins éclairés d'un bon praticien.

N'employez donc ces sujettions que dans les cas de perturbations morales ou contrariétés d'une certaine gravité et n'en faites pas un usage exagéré; le mieux est de savoir s'en passer et de remettre son mental en équilibre par la force de la volonté. la distraction et l'emploi raisonné de sa force fluidique intérieure.

Voici dès lors, le moyen de se donner ces sujettions. On répète trois fois, pas davantage, du bout des lèvres, une phrase du genre précité ou la suivante: «Il est impossible que j'y pense, je ne puis plus y penser, je n'y pense plus, parce qu'il est venu quelqu'un qui m'a dit: tu n'y penseras plus, tu ne dois plus y penser. Et depuis ce moment, je n'y pense plus, je ne puis plus y penser, ma pensée ne peut pas revenir.» Chaque fois que la douleur morale reparait, on recommence.

On peut également faire choix d'une phrase musicale ou d'un refrain quelconque, c'est un moyen de distraction encore plus efficace, parce qu'on chasse les idées noires. Certaines personnes fredonnent naturellement en vertu de leur tempérament, elles attirent donc des influences de gaieté et d'apaisement: vous constaterez rarement chez celles là des troubles nerveux.

Les sujettions en usage par la parole peuvent se donner également par l'écriture; il suffit d'écrire un certain nombre de fois la phrase en question. Ce procédé a une certaine efficacité.

L'effet de ces sujettions diverses peut se reporter du jour au lendemain, c'est-à-dire qu'en cas d'indisposition on peut varier la forme de la sujettion et se la donner dans la soirée en disant : «Demain matin je ne penserai plus à rien, etc..» Mais il faut être absolument persuadé du résultat final et ne jamais désespérer en cas d'insuccès. Dans bien des cas, les résultats les plus heureux ont été constatés après cette façon de faire.

En général, il faut laisser à ceux qui sont en situation de les donner, l'emploi de ces sujettions, parce qu'eux seuls en connaissent l'emploi raisonné, savent les manier et profitent la plupart du temps du sommeil léger provoqué par la confiance du malade pour les lui appliquer selon la nécessité.

Mais si jamais vous êtes en détresse, n'hésitez pas quand même à vous donner la sujettion verbale de la façon la plus opiniâtre; c'est le seul moyen de remettre votre mental en équilibre; et ne vous arrêtez que lorsque l'agitation disparait et que la raison reprend ses droits.

Hydrothérapie magnétique.

Les procédés les plus nombreux d'hydrothérapie ont été en usage à toutes les époques, non seulement pour maintenir l'état général du corps humain dans un juste milieu qui consiste à l'isoler des influences extérieures, mais encore sous forme de soins de propreté.

Nous ne passerons pas en revue les divers modes d'hydrothérapie usités de temps immémorial, bains, douches, lavages, etc... Qu'il nous suffise de parler d'un de ceux les plus employés dans les cas d'agitation nerveuse, la douche sous toutes ses formes, douche froide, douche écossaise, et de dire que si l'on veut retirer les meilleurs résultats de ce mode de traitement, il faut l'appliquer de la façon suivante:

On se dispensera d'abord de l'emploi de tous appareils généralement affectés à cet usage et l'on se servira simplement d'eau du puits ou de la fontaine à la température normale. Le sujet sera placé verticalement à un mètre de la personne chargée du soin de le traiter. La personne tiendra dans sa main gauche un récipient plein d'eau et de sa main droite aspergera rapidement le malade sous forme de pluie, c'est-à-dire que chaque fois elle prendra simplement de l'eau dans le creux de sa main et la lancera sur le malade en ouvrant et en secouant les doigts. Asperger d'abord toute la partie postérieure, le dos, les jambes, et ensuite, le malade s'étant retourné, la poitrine et toute la partie antérieure.

Cette opération devra être rapidement effectuée, ne pas excéder une minute ou une minute et demi, et être faite en général vers quatre heures de l'après-midi et le soir avant le repos. L'aspersion terminée, enlever l'excédent d'humidité avec une serviette éponge, sans exercer de frictions, de manière à laisser sur l'agité une certaine fraicheur, le faire rhabiller vivement et le faire promener un certain temps pour faciliter la réaction. Le malade devra porter une chemise de flanelle.

A quelle personne devra être confié le soin d'administrer ces aspersions?

C'est le point capital de la question,

Il ne faut pas croire que le premier venu puisse se charger de cette mission délicate, car en raison de la communication des fluides d'un être à un autre, si l'on choisissait une personne indifférente ou à plus forte raison antipathique au malade, autant vaudrait abandonner ce dernier à son malheureux sort. Il faudra donc charger de ce soin un de ceux qui ont le plus de sympathie et d'affection pour lui parmi ses proches, ou parmi ses amis; et que ce dernier soit lui-même sain de corps et d'esprit.

La raison de ce qui précède, c'est que les fluides qui en cette occasion sont dégagés par l'opérateur viennent revivifier l'enveloppe fluidique extérieure de celui qui est agité, et le débarrasser naturellement des influences contraires qu'il aurait accumulées autour de lui et qui sont la cause de son agitation.

Les boissons froides sont également de la plus grande utilité, notamment quand le malade est atteint d'oppression nerveuse ou ressent d'autres phénomènes d'agitation. Il est utile de faire magnétiser ces boissons par la personne qui s'est chargée de faire les aspersions; cette opération consistera à tenir le récipient de la main gauche et à promener quelques instants les doigts de la main droite sur la surface du liquide en manifestant fermement par la pensée l'intention de faire le bien à celui qui souffre. De l'eau claire suffit ou du tilleul léger.

A défaut de cette opération qui a pour effet de modifier la tonicité des organes affectés, par une transfusion d'énergie fluidique, le sujet peut fort bien à la condition d'exercer sur lui même une action réflexe d'énergie ayant son origine dans la pensée, se servir d'eau naturelle n'ayant subi aucune préparation.

Lorsqu'une personne est affectée d'un trouble nerveux ou symptomatique d'une lésion intérieure, elle ne doit pas faire un abus irraisonné de l'hydrothérapie sous toutes ses formes, mais en faire un usage pondéré, c'est-à-dire s'en servir dans les moments de trouble ou de dépression et en cesser l'emploi lorsque les forces vitales ont remis en équilibre la marche de l'organisme. Elle peut toujours recourir à ce traitement lorsque l'agitation reparait, mais doit l'interrompre lorsqu'elle disparait.

Exercices respiratoires.
Respiration profonde

Il est un exercice qui peut être de la plus grande utilité dans les cas de débilité nerveuse et peut servir à rendre des forces à l'ensemble du système nerveux, tout en donnant de l'ampleur à la cage thoracique. Son emploi peut également servir de régulateur à la sensibilité nerveuse et en un mot rendre l'homme maître de lui dans les circonstances d'agitation où le placent parfois les évènements de l'existence. Cet exercice est celui de la respiration.

Il est un fait notoire, c'est que beaucoup ne savent pas respirer et que les fervents de tous les sports ne doivent leur succès et la perfection de leur entrainement qu'à la façon dont ils respirent, soit que leur façon de faire provienne d'une intuition naturelle, soit qu'ils aient appris à ménager leur souffle et à faire un emploi judicieux de leur machine respiratoire.

Pour celui qui ne possède pas l'intuition nécessaire ou le tempérament propre à l'entretien et au développement des fonctions respiratoires, il existe des principes, des règles édictées par le bon sens de quelques adeptes, ces règles sont les suivantes.

On devra s'habituer à respirer longuement et non par saccades, par le nez et la bouche fermée, pour utiliser dans l'acte respiratoire le plus long trajet ayant pour point de départ les fosses nasales ; car, à l'encontre du trajet le plus restreint dont l'orifice est à la bouche, le souffle se réchauffe et se purifie d'une façon supérieure, le larynx se trouve préservé et à l'abri des impuretés ambiantes pouvant être véhiculées par l'air.

Ceux qui, par suite d'antécédents défectueux atteindraient difficilement à ce résultat, auront la latitude mettre en usage certains exercices dont ci-après la description et qui sont généralement pratiqués assis; les bras placés tantôt le long du corps et tantôt élevés à une certaine hauteur, soit horizontalement, soit verticalement. Il n'existe pas de règle absolue en cette matière; chacun doit être le propre juge de son entrainement, à moins toutefois qu'il ne soit guidé par les conseils d'un maître expérimenté dans l'art de la gymnastique pulmonaire.

Ces exercices consistent à respirer alternativement par la bouche et par le nez, en envoyant le souffle dans la profondeur de la cage thoracique, à le garder le plus longtemps possible et à le rejeter ensuite, tantôt avec brusquerie et tantôt avec une certaine lenteur. On peut intervertir le mode d'opérer, soit aspirer brusquement et rejeter le souffle de même, ou très lentement. On se rendra compte de la marche et de la durée de ces opérations successives, aspiration, arrêt et expiration en comptant automatiquement ou en regardant l'aiguille à secondes d'une montre.

Cette gymnastique respiratoire donnera à celui qui la pratiquera non seulement une force musculaire qu'il ne connaissait pas, mais encore la force et l'équilibre dans les différents plexus qui composent le système nerveux. Ses fonctions naturelles se trouveront régularisées, il ne se produira plus des à coups dans l'ensemble de ses facultés mentales et corporelles, enfin il apprendra à régir sa volonté et à tirer de sa force intérieure le meilleur parti possible. Il apprendra à maîtriser les sentiments divers qui peuvent mettre un homme en état d'infériorité vis-à vis de ses semblables, soit la crainte, l'angoisse, le découragement.

Aussi souvent qu'un de ces sentiments exercera sur lui sa fâcheuse influence, il aura recours pendant quelques secondes à la respiration profonde et sera délivré de son malaise

Les exercices respiratoires ne doivent pas être un sujet de passe-temps; il faut en user de la façon la plus circonspecte et ne pas s'en servir quand on peut s'en passer, parce qu'il ne faut pas chercher en dehors de certaines circonstances, à acquérir les forces qui ne vous sont pas nécessaires et risquer de rompre l'équilibre fluidique qui a été établi entre vous et les autres êtres de la Création; car dans ce cas, la nature reprend ses droits et peut vous placer en état d'infériorité, en effet à la suite d'exercices de ce genre s'ils ne sont pas justifiés, il peut se produire des secousses telluriques difficiles parfois à supporter: et ces secousses peuvent se manifester sous la forme d'un détraquement quelconque dans le système nerveux.

Mais si par suite d'affaissement, vous êtes dans l'irrémédiable nécessité de redemander aux effluves ambiantes le rétablissement de vos forces par l'emploi de ces exercices, la nature sera la première à se prêter à cette augmentation et à vous remettre dans l'état normal d'où vous avaient tiré la faiblesse et la maladie.

Il faut donc de la circonspection.

L'Imposition des mains, Le souffle

Il existe un moyen prépondérant négligé par la plupart des personnes en cas d'accident subit ou de trouble accidentel, c'est l'imposition des mains sur la partie malade que chacun peut faire sur soi-même selon la circonstance. On remarquera que chez bien des gens, il est naturel de porter la main sur la partie atteinte, mais pour que ce « modus faciendi » porte en lui-même le maximum d'efficacité; il faut observer certaines règles, sinon le résultat sera incertain et quelquefois contraire à l'amélioration attendue.

Avant de décrire ce traitement et d'indiquer en quelles circonstances on peut en user, qu'il nous soit permis de dire qu'il est également applicable d'une personne à l'autre, à la condition que celle qui prête son concours en cette circonstance soit saine de corps et d'esprit et possède l'intention bien évidente de faire du bien à son partenaire. Mais nous n'approfondirons pas cette question qui est du domaine du magnétisme curatif, laissant à des esprits plus versés dans la matière et plus autorisés que nous le soin de la traiter.

Nous sommes, quant à nous, de ceux qui voudraient que la créature humaine puisse, en dehors des circonstances où sa volonté se trouve abolie et ses moyens d'action paralysés, se sortir d'affaire par ses propres moyens, surtout dans les cas de dépression morale et nerveuse, car elle possède la force fluidique nécessaire pour réagir à son profit et attirer vers elle des fluides bénéfiques pouvant la mettre hors de danger.

Ceci dit, voici pour n'importe quelle douleur ou trouble pouvant affecter l'organisme, la manière de procéder. Se laver les mains, leur laisser une certaine fraicheur, appliquer légèrement la main droite sur la partie malade et la gauche sur la partie opposée. La main gauche restera à demeure sans exercer de pression. Quant à la droite, elle devra vous servir à dégager la partie malade des fluides dont elle pourrait être incommodée, c'est-à-dire qu'après l'avoir maintenue un instant sur la partie malade, vous devrez la secouer comme si vous rejetiez au loin quelque chose qui vous embarrasse. Et recommencer l'opération jusqu'à complet soulagement. En plaçant les deux mains à l'opposé l'une de l'autre, vous établissez un courant magnétique qui a pour effet de neutraliser les fluides contraires, et vos deux mains en cette circonstance, peuvent être vraiment comparées aux pôles positif et négatif d'une pile électrique.

Quelques exemples: pour la tête, la main droite sur le front, la gauche sur la partie occipitale; si la douleur a son siège à l'occiput, intervertir les mains. Pour une douleur située à la partie externe de la jambe gauche, placer la main droite sur cette douleur, la gauche à l'intérieur du fémur et dégager en se servant de la main droite. Pour ralentir les battements de votre cœur qui se meut à une allure trop précipitée, la main droite sur le cœur, la gauche sur l'omoplate ou contre la face externe de la nuque.

Dans bien des cas, il n'est pas nécessaire de dégager, c'est-à-dire de chercher à rejeter les fluides à l'extérieur; il suffit de laisser la main droite à demeure; l'imposition simultanée des deux mains peut avoir aussi pour effet de paralyser toute influence magnétique contraire. (Se laver les mains après l'opération.)

Le souffle a également une action très puissante si la personne indisposée sait s'en servir avec discernement. Il pourra vous aider à faire disparaître bien des malaises. Il faudra faire en sorte qu'à son arrivée sur la partie atteinte, il ait une certaine fraîcheur, et à cet effet, aspirer fortement vers le fond de la poitrine, et en le rejetant exercer une certaine pression sur la cage thoracique.

Les personnes ayant recours à ce traitement ne doivent pas avoir le moindre doute concernant son efficacité. La puissance du souffle employé sur soi-même ainsi que sur les autres est extraordinaire, mais pour l'exercer sur les autres, il existe certaines règles édictées par la thérapeutique magnétique qui ne sauraient être ici exposées. Mais il faut toujours avoir confiance en soi et conscience de sa force intérieure.

Le Sommeil

Nous voici enfin arrivé au terme de notre course dans cette pérégrination à travers les désordres moraux et métaphysiques pouvant résulter de l'action exercée sur certains tempéraments par la répercussion des manifestations fluidiques de toute espèce qui convergent vers eux et dont la diversité ne peut qu'être nuisible au fonctionnement normal de leurs facultés, car s'il en est qui leur sont favorables, il en est d'autres qui leur sont contraires, et de leur antagonisme naît généralement l'agitation.

Nous ne jugeons pas utile de nous étendre sur les formes variées des troubles nerveux prenant leur origine dans ces manifestations, mais qu'il nous soit permis cependant, dans un simple esprit d'humanité, d'analyser parmi les fonctions naturelles, celle qui nous paraît mériter le plus d'attention, puisque de cette dernière dépendent la plupart du temps, le repos de l'esprit et le bon fonctionnement de toutes les autres.

Nous dirons en un mot, que si l'homme ménageait son organisme et en faisait toujours un usage pondéré et circonspect autant dans l'emploi de ses facultés mentales que de ses facultés corporelles, l'insomnie ne viendrait pas s'asseoir à son chevet et lui imposer les angoisses de nuits sans sommeil passées dans les réflexions les plus profondes et souvent les plus malencontreuses.

Si vous voulez reconquérir votre tranquillité d'esprit et votre repos, il faut commencer par rejeter loin de vous toutes préoccupations obsédantes, descendre au fond de votre conscience et si vous avez quitté la voie du bien, faire en sorte d'y revenir, ou tout au moins cesser d'entretenir dans votre esprit des pensées mauvaises à l'égard des autres. Cette simple règle de conduite, si vous arrivez à la mettre en pratique d'une façon sincère et évidente, rétablira l'équilibre dans vos facultés et aura pour effet de rendre plus praticable la deuxième partie du traitement qui est la suivante.

Il faudra faire en sorte de changer vos habitudes et le genre de votre nourriture, quitte à les reprendre quand l'agitation sera passée et éviter la constipation; vous placer en dehors de toute influence extérieures pouvant amener l'insomnie, c'est-à-dire habiter hors de tout foyer d'agitation, pratiquer l'hydrothérapie à l'intérieur et à l'extérieur et vous livrer aux exercices corporels qui ont pour effet de rétablir la circulation et de tonifier les nerfs, le tout sans exagération. Supprimer toute lecture obsédante et passionnelle, ne lire qu'un seul livre un seul journal, à la condition que ces derniers soient conformes à vos goûts, à vos idées, à votre tempérament et ne soient pas en dehors des règles de la morale.

Se coucher toujours à la même heure, et enfin lorsqu'est arrivé le moment du repos, ne penser à autre chose qu'à dormir, car les idées diverses que vous évoquerez rentreront en lutte autour de vous et provoqueront l'énervement cérébral qui amène l'insomnie.

Prenez l'habitude d'isoler votre pensée en dehors de toute influence extérieure pouvant influencer le moral, écartez de votre imagination le tableau des personnes que vous connaissez et que vous fréquentez et ne pensez qu'à des choses matérielles ne pouvant exercer sur le mental qu'une influence insignifiante, par exemple les jouets de votre enfant, les fleurs de votre jardin, les objets dont vous vous servez usuellement, et dès que vous aurez trouvé par ce moyen une idée favorable, tâchez de la conserver et revenez-y toujours en cas de besoin.

Et si une idée inopportune vient supplanter celle que vous avez, chassez la énergiquement et persistez à porter votre attention sur les objets familiers qui peuplent votre maison.

Ensuite, placez votre lit dans la position la plus naturelle pour que les courants magnétiques de la Terre s'assimilent d'une façon parfaite avec votre corps pendant le sommeil et lui rendent la vigueur nécessaire pour son travail quotidien, soit la tête au N. E. et les pieds au S. O. et à cet effet, munissez vous d'une boussole.

Enfin, il peut être parfois avantageux de se donner une sujettion par l'écriture.

Voilà en général de quelle façon il faut combattre l'insomnie, tout en évitant de se livrer à l'abus des narcotiques dont l'emploi est toujours fâcheux pour l'organisme.

CONCLUSION

Il résulte de ces quelques pages que chacun doit envisager dans son existence les évènements tels qu'ils se présentent. Si par suite d'un concours fatal de circonstances, ils lui sont défavorables, il doit par sa mentalité, faire son possible pour en corriger les mauvais effets et en atténuer les conséquences.

Si malgré tout il ne peut arriver à surmonter les difficultés qui surviennent en raison des influences contraires dont il est entouré ou que par suite de son impéritie il aurait attirées lui-même, il doit quand même lutter avec finesse et énergie pour ne pas se trouver en situation d'infériorité. Avec un peu de perspicacité il découvrira la source du danger et en relisant les pages qui précèdent, trouvera remède à sa situation.

Quoiqu'il en soit, il devra toujours suivre son tempérament, faute de quoi il risquerait de sombrer lamentalement dans la lutte des idées et il serait dès lors victime de son défaut de jugement et de sa faiblesse morale.

Le tempér ament d'une personne dès qu'il est établi. peut-être modifié à la longue par les évènements.

mais«ne peut jamais changer en totalité.»

Celui qui prétend changer du tout au tout et sans transition ses idées, son tempérament et ses inclitions se trompe lui-même et ne peut arriver, si l'on peut s'exprimer ainsi, qu'à tromper sa destinée. Dès l'instant que l'évolution de son esprit et de ses idées se trouve faussée, parce qu'il est le repésentant d'idées opposées à celles généralement établies, il est victime de ce manque de régularité dans sa culture intellectuelle et n'arrive jamais à aucun résultat appréciable, quoi qu'il fasse et quoi qu'il entreprenne.

Suivez donc vos inclinations et vos idées, mais dirigez les toujours vers le bien.

TABLE des MATIÈRES

Deuxième Partie

www.ingramcontent.com/pod-product-compliance
Ingram Content Group UK Ltd.
Pitfield, Milton Keynes, MK11 3LW, UK
UKHW012034240726
13965UKWH00002B/795